高等院校服装专业教程

婚纱礼服设计

张 涛　信玉峰　主　编
栾晓丽　万　晶　戴　莹　丁　莺　副主编

西南师范大学出版社

总序

高等院校服装专业教程

人类最基本的生活需求之一是服装。在过去的社会中，人们对服装的要求更多是趋于实用性与功能性。随着人类文明的进步，科学技术的发展和物质水平的提高，服装的精神性已越趋明显。它不仅是一种物质现象，还包含着丰富的文化内涵——衣文化。随着服装学科研究的不断深入和国际交流的广泛开展，服装产业的背景也发生了巨大变化，服装企业对设计师的要求日益提高，这也对高等教育服装专业教学提出了新的挑战。

高等教育的服装专业教学，其宗旨是培养学生的综合素质、专业基础和专业技能。教育部曾提出面向 21 世纪课程体系和教学内容改革的实施方案，为高等院校在教材系统建设方面提供了契机和必要的条件。新时期教育的迅猛发展对服装设计教学与教材的建设提出了更新的要求。

在西南师范大学出版社领导的大力支持下，根据教育部的专业教学改革方案，江西省纺织工业协会服装设计专业委员会针对江西省各高等院校开办服装设计专业的院校多、专业方向多、学生多等现象，组织了江西科技师范大学、南昌大学、江西师范大学、江西蓝天职业技术学院、江西服装职业技术学院、南昌理工学院的一批活跃在服装专业教学第一线的中青年骨干教师编写此套教材。这批教师来自不同的院校，有着不同的校园文化背景，各自处于不同的教学体系，分别承担着不同的教学任务，共同编写了这套具有专业特色的系列教材。因此，此套教材具有博采众家之长的特色。

此套教材,重点突出了专业素质的培养,以及专业的知识性、更新性和直观性,力求具有鲜明的科学性和时代特色,介绍并强调了理论与实践相结合的方法,可读性强,且贴近社会需求,富有时代气息,体现了培养新型专业人才的需求。此套书适合作为高等院校服装专业的教材,也适合服装爱好者及服装企业技术人员使用。

此套教材能顺利出版,特别要感谢西南师范大学出版社的领导和编辑们,此外还要感谢所有提供图片和参考书的专家、学者的大力支持,感谢所有为编写此套书付出辛勤劳动的老师们,因时间及水平有限,丛书中疏漏及不尽如人意之处在所难免,恳请各位专家、同行、读者赐教指正。

中国服装设计师协会理事
江西省纺织工业协会服装设计专业委员会主任　　燕平
江西科技师范大学教授、硕士生导师

高等院校服装专业教程
婚纱礼服设计
目录

第一章　礼服概论 / 001
　一　礼服的概念和发展历程 / 002
　二　礼服的分类方式 / 006
　三　礼服在我国的发展 / 022

第二章　小礼服设计 / 025
　一　小礼服的含义及演变过程 / 026
　二　小礼服的分类设计 / 030

第三章　晚礼服设计与应用 / 043
　一　晚礼服的特点与分类 / 044
　二　晚礼服的设计原则 / 048
　三　晚礼服的设计应用 / 050
　四　晚礼服配饰搭配 / 080

第四章　婚礼服设计知识概述 / 087
　一　婚礼服设计的含义 / 088
　二　西式婚礼服的起源与发展 / 090
　三　婚纱款式特点的变化 / 097
　四　婚礼服的设计分类 / 098

第五章　婚纱设计拓展 / 111
　一　如何开展婚礼服设计 / 114

二 从何处进行婚纱设计 / 117
三 婚纱礼服的细节设计 / 126
四 婚纱设计作品欣赏 / 131

第六章 婚纱礼服品牌介绍 / 137
　　一 Christian Dior / 138
　　二 Jenny Packham / 139
　　三 Brides / 140
　　四 Marchesa / 141
　　五 Pronovias / 142
　　六 Cymbeline / 143
　　七 Carolina Herrera / 144
　　八 Monique Lhuillier / 145
　　九 Yolan Cris / 146
　　十 Anne Barge / 147
　　十一 Jesus del Pozo / 148
　　十二 Vera Wang / 149
　　十三 Yumi Katsura Paris / 150
　　十四 蔡美月 / 151
　　十五 NE·TIGER / 152

参考文献 / 153

高等院校服装专业教程
婚纱礼服设计

第一章 礼服概论

导读

礼服是服装诸多种类的一个重要组成部分。顾名思义,礼含有礼仪、社交等意思。因此,礼服也是一种社交服。随着全球市场的日益开放和信息传播的日益加快,各种文化之间的交流也日益频繁,礼服在当下的社交活动中起着重要作用,人们更是通过服装来展示艺术修养和自身魅力。服饰文化源远流长,礼服是服饰长河中的一个重要分支,它的发展与变化也记录着历史的变迁,承载着审美观念和文化精髓,是一部形象的、鲜活的"历史百科书"。作为当代人,了解和掌握礼服知识,既可以提升自我艺术鉴赏水平,又可以对服饰文化有进一步的了解。

一 礼服的概念和发展历程

礼服是特殊的服装类别,不论是从形式、场合还是款式上考虑,礼服都有着与其他类别服装不同的设计点。礼服早在上古时代就已经出现,最初是一种在庄重场合或举行仪式等特定环境下穿着的服装。礼服在不同时代、不同国度、不同场合、不同身份、不同年龄有着不同的演绎:西式礼服简洁流畅,中式礼服传统含蓄,古代礼服等级森严,现代礼服大胆创新……

(一)礼服概念

礼服也称社交服,是指某些重大场合上参与者所穿着的庄重而且正式的服装。社交环境随着时代的变化有所调整,原本用于参加庄重严谨,甚至是传统习俗的社交活动(如婚礼、葬礼、祭祀等)而穿着的礼仪用服,近些年随着人民生活水平的提高,社交活动的增加,礼服也用于庆典、颁奖、晚会、宴会等社交活动。礼服的形式和用途变得更加多样化。(图1-1~图1-3)

(二)礼服的产生和发展历史

服装发展史其实就是人类文明的发展史,从服饰上既可以看到历史和社会生活,也可以看到文化和艺术。渴望美、追求美是人们从古至今一直的追求,古代衣冠制度更是体现了社会的伦理规范和个体的内心欲求,礼服成了当权者有力的统治工具。

服饰文化作为社会的物质和精神文化,发展到西周成了"礼"的重要内容。帝王礼服的政治意义远远大于审美意义,上衣下裳的冕服,配以十二章纹饰,涵盖天地之形,万物之意。"垂裳而天下治"使得当时的礼服和政治、道德联系在了一起,无论何许人士,只要见其服就可知其贵贱,望其章即可知其势。当时的礼服也并不是女性的专属品。

而跟现代礼服用途较为接近的,要数古代女装礼服。明代妇女的"凤冠霞帔"可以说是当时妇女的最高追

图1-1

图1-2   图1-3

求目标。一方面因为它是达官贵族夫人使用的,自然价值不菲,是荣耀的标志;另一方面,从它的造型和工艺来说,也是华美至极,它作为旧时富家女出嫁的装束,也是当时最华美的婚嫁礼服。鲜艳喜庆的色彩,华丽的面料,精美的刺绣纹样,细致的冠饰,其传导的优雅美感深入人心。

现代礼服的设计元素,可能更多的还是继承了西方古代礼服的精髓。古代希腊公元前6世纪前后,希腊人均流行穿着披挂式的、有着优美悬垂衣褶效果的希顿。胸、腰部位有线绳系在乳房下,这种装饰不仅可以拉长人体比例,还可以起到束胸效果,是最早的内衣概念,下身着钟形衣裙,这种整体紧身合体的服装是现代礼服的最早雏形。造型完美,高贵典雅,着装者无不散发出优雅如女神的气质,使人们不得不感叹:这里也有巴黎的姑娘!

16世纪欧洲文艺复兴时期出现了紧身胸衣和裙撑,礼服的概念逐渐清晰化。充满幻想,刻意求新,重视人的意愿的文艺复兴时期,在反对禁欲主义的旗帜下开始在服装上表现人体造型之变和曲线之美。这时期的女装多为腰间有接缝的连衣裙,称作罗布,领口极大,有华丽的刺绣作装饰,色彩明快,裙摆拖地,强调细腰丰臀的女性形象,往往搭配20~30厘米高的高跟鞋——乔品穿着,极致的对比,完美的比例,突显出女性的魅力。这也是现代婚礼服的最早雏形。同一时期,礼服开始利用填充料来创造立体效果,把服装作为一种立体造型艺术加以设计,使服装本身表现出立体的外观,扩大和丰富了设计师的思路,为后来礼服设计中的立体裁剪做了铺垫。

17世纪至18世纪,富丽豪华的巴洛克艺术与轻便纤巧的洛可可艺术风靡欧洲,最大程度地推动了礼服隆重、壮丽风格的发展。蕾丝、缎带、羽毛、各式裙撑、羊皮尖头鞋等,细腻的、柔美的、繁琐的装饰,将每一位女性都化身为城堡中的公主。(图1-4)

图1-4

巴斯尔时代,女服中矫揉造作的蓬大样式开始消失,裙子棚架由衬裙代替,坚硬的胸衣逐渐软质,女装又一个特色即拖裙产生。其拖于身后,乃"拖尾晚礼服""拖尾婚纱"之先祖,当时的拖裙在宫廷中还表示身份的高低。18世纪最后几十年,女服样式与风格开始改变,裙撑消失,出现了田园风格,礼服发展趋向多元化。西班牙马佳莉塔·德雷莎的服装,委拉斯开兹的肖像作品上看到的这条裙子是以天鹅绒和丝缝制,有漂亮的花边和缎带以及银色的穗辫装饰。(图1-5)

19世纪是一个精彩纷呈的时代,新古典主义、浪漫主义、复古主义搅和在一起,出现了多元化的服装分类。晚装开始有了特定的绸子、高级平纹布、网状薄纱等面料。19世纪末

图1-5

20世纪初出现了尽显曲线之美的"S"形样式,服装分类逐渐清晰化,另外,这一阶段的服装还在裙摆处做了开衩设计,历史上将这一阶段称作"霍布尔裙时代"。正是如此,礼服作为一种特殊门类被分离了出来,当时女性礼服就已经有夜礼服款式分类。

进入20世纪,"性感""人体健美"的风气逐渐解放了女性,"S"形成了标准服式。晚礼服采用紧身胸衣,手臂、脖子及胸部以上完全暴露,礼服中的"鱼尾裙"在第一次世界大战期间正式出现,礼服的颜色、面料也不断变化翻新。20世纪60年代,一种无袖,裙长及膝盖的晚礼服出现在摇摆舞会中。20世纪70年代后,世界服装进入无主流时代,高级成衣在这一时期已出现,礼服的概念完全清晰化,与此同时也与成衣不断交融。"S"形,大蓬裙形,裙摆或长或短或迷你,完全自由化,礼服的市场也不断扩大,各种聚会随场合、环境的不同礼服也不断变化。礼服纯粹成为个人的自我表现工具,全面自由化、多样化,现代礼服更是体现了女性的完美曲线。(图1-6、图1-7)

男士礼服较女性礼服来说,显得平静许多。男士礼服在近代的新古典主义时期就稳定下来,燕尾服和西装是男性常见的社交服装,一直沿用至今。

现代意义上的"礼服"这一特有名词,虽然在19世纪末20世纪初才得以明确提出,但其发展历程绝非于此开始,其礼仪场合、款式、装饰是从远古时期慢慢发展而来,其发展历程是研究人类文明特别是上层统治阶级历史的重要考据,也是推导今后礼服流行趋势的重要参考。

图1-6

图 1-7

二 礼服的分类方式

纵观礼服的发展历史,礼服自古以来就形式多样,西方情调的礼服多以"S"形为主,东方情调的古典风格礼服则是流畅的"X"形。无论哪个国度,哪种风格,礼服都具有豪华精美、优雅浪漫、标新立异的特点,并且带有很强烈的炫示性。设计师必须掌握其特点,才能设计出更适合着装者的礼服款式。

(一)按照性别分类

1. 男士礼服

现代男士礼服基本沿袭欧式礼服形制。传统男士礼服依照场合与时间不同大体分为燕尾服、晨礼服、正式礼服等。男士礼服规范性强,在历史上,不论是中国还是西方国家对于男装礼服都有着严格的规定,且变化不频繁。中国早在周代就出现了完备的冠服制度,表身份与等级,但随着历史变迁,影响现代服饰的元素并不多见。而西洋史上,燕尾服的前身和晨礼服的基本形制从新古典主义时期一直沿用至今。随着社会的发展,人们逐渐用日常穿着的西装取代了燕尾服等传统服饰,西装一跃成为新时代的礼服。在男士礼服中,上装、下装以及服饰搭配都具有很强的规范性,这使男性着礼服时体现出彬彬有礼、成熟大方的气质。(图1-8、图1-9)

图 1-8

图 1-9

2. 女士礼服

同男士礼服一样，女士礼服也逐渐简化了传统礼服的复杂分类，现在只是根据场合、用途、时间和社交活动的规模来分类。女士礼服除了服装以外，头饰、化妆、包和鞋等也都是整体设计的重要内容。(图1-10)

图 1-10

(二)按照穿着场合分类

按照穿着场合的不同,我们一般把礼服分为裙套装礼服、小礼服、晚礼服、婚礼服、丧礼服五种。

1. 裙套装礼服

穿着裙套装往往给人以浓浓的礼仪感,裙套装礼服是职业人士出席职业社交活动场合的服装。裙套装礼服的特点是突显着装者优雅得体、落落大方的行为举止。服装款式特点：上衣下装分体式的套装搭配,用色以简洁大方为主,款式"X"形、"H"形为常见,配饰以珍珠、领带饰品为首选。(图1-11、图1-12)

图1-11

图 1-12

2. 小礼服

小礼服顾名思义有短小、轻巧的特点,是在晚间或日间的鸡尾酒会、正式聚会、仪式、典礼上穿着的礼仪用服。小礼服的长度适中,裙长一般设计在膝盖上下5厘米,适合年轻女性在众多礼仪场合穿着,因此小礼服也称为"万能服"。小礼服特别适合当下职业女性,能满足职业女性上班和社交的多重需求。由于小礼服小巧精美,与小礼服搭配的配饰适宜选择简洁、流畅的款式。小礼服多采用高档的衣料以及贴身的剪裁设计,能将女性的曲线美展现得淋漓尽致。(图1-13、图1-14)

图 1-13

图 1-14

3. 晚礼服

晚礼服又称夜礼服,是最为隆重的礼仪服装,也是女士礼服中最高档次、最具特色、充分展示个性的礼服样式,按照惯例,国家元首、社会名流出席盛大的庆典活动都穿着晚礼服。传统的晚礼服,长裙曳地,肩部背部袒露较多,材料华贵艳丽,配件奢华丰富。晚礼服在设计的过程中,灵感渠道较为广泛,有中式元素、西式元素,还有中西合璧的时尚新款,为服装设计师提供了更加广阔的设计空间。(图1-15、图1-16)

图 1-15

图 1-16

015

4. 婚礼服

女式婚礼服又称婚纱,主要用于结婚典礼,婚礼服分为中式和西式两种。传统的中式婚礼服是喜庆的红色,代表吉祥、美满的婚礼祝福。西式婚礼服是洁白的白色,象征爱情的纯洁、忠诚。无论国度、习俗如何变化,婚礼服都代表喜庆、美好、幸福的寓意。就传统的西式婚礼服而言,常采用洁白轻盈的纱质材料,"X"廓型,裙长及地,甚至拖地,上身合体,可设计抹胸款或者带袖款,下摆呈打开状态,配有项链、头纱、手套等。随着服饰观念的不断变化,婚礼服的用色也越来越多样化,材料上,甚至皮草、针织等多种材料也都可以融入设计中,给人们带来了耳目一新的感觉。(图 1-17、图 1-18)

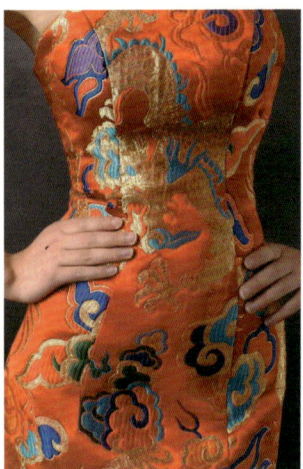

图 1-17

图 1-18

5. 丧礼服

丧礼服也分中式、西式。中式丧礼服表达的是中国传统的披麻戴孝的观念，以套装为主，上衣加裤子的组合，色彩以白色为主，表肃静也表追悼。服装平面宽松，不施加纹样，材料也以粗棉麻类为主，在手臂部位佩戴"孝"等字样袖章，表示对故人的怀念。西式丧礼服的色彩是以黑色为主，款式往往以西服套装为主，以表示对故人的哀悼。（图1-19）

（三）按照穿着时间分类

除按照穿着场合分类外，礼服按穿着时间分类包括晚礼服、晨礼服两种，又有正式和半正式之分。

1. 日间种类

①等级正礼服

等级正礼服礼仪性级别高，往往在日间出席国家外交活动等庄重场合穿着。款式不能过于标新立异，应该尽量选择经典款式，领型设计有无领、翻领，袖型长度常见有全袖、七分袖，裙长从及膝至及地不等，越长越正式。

由于是日间用服，正礼服的面料应尽量避免使用过于发光的材质，一般采用呢料、精纺、丝绸或丝质感的料子，可根据季节调整，也可加刺绣、花边等装饰。配饰以珍珠饰品为佳，随手的小包要小而精致，鞋和包均不可过于华丽，以缎料、平绒、丝绒等质地为主。（图1-20、图1-21）

图1-19

图1-20

图 1-21

②等级准礼服

款式为正下午装和正晚装之间的款式，裙长从及膝至及地不等。面料从丝质至编织类质地均可使用。颜色以轻柔色系为佳。饰品、小包、鞋均应有光泽，突出华丽感。图1-22的款式以别致的连身裙、两件套为主，裙长从及膝至及地均有。

图1-22

2.晚间种类

①等级正礼服

配合晚宴的灯光和环境,等级正礼服款式应该富贵华丽,让穿着者在灯光的照射下能尽显迷人魅力。领型可设计深"V"等大开领,以充分展露颈部和肩部,让配饰也能尽显华美。裙长应及地,面料可选择缎、塔夫绸、蕾丝等闪光织物,可搭配钻石等金属饰品、有光泽的华丽小包、肘关节以上的手套等。如鞋与礼服为同一质地,正式感为最强。

②等级准礼服

较等级正礼服的隆重性小,但也属于正式礼服的类别。款式特点:无袖或无领的款式,不过分强调露背或露肩,裙长从及膝至及地不等,根据袖长佩戴手套。面料考究、高档,色彩也很多样化。

现代礼服设计的种类繁多,灵感的切入点也很多样,可以融入仿生等设计手法将其分解,融入新的廓型,新的色彩,新的图案,新的肌理纹样,重组成个性多变、视觉感强的新的款式。(图 1-23)

图 1-23

021

三 礼服在我国的发展

在我国服装行业的发展中，礼服的设计与发展在整个服装领域中还处于一个较为薄弱的阶段。虽然和以前相比已经进步了不少，但是和其他服装门类相比，和国际礼服市场发展相比，还是相差甚远。为何会有如此情况的出现，有许多原因需要我们去思考。

首先，礼服进入中国的市场较晚，发展较慢。我国礼服的原型是从凤冠霞帔开始的，它是权势和地位的象征，由于它的珠光宝气与雍容华贵，因而逐渐演变成豪门闺秀的婚礼服。与欧洲礼服的发展一样，贵族、豪门们是首先触碰礼服的群体。从20世纪二三十年代开始，中国的婚礼服开始引进国外的婚纱样式。由于受到西方的文化和婚俗的影响，新郎有穿西装打领带的，也有穿长衫同时戴西式礼帽和墨镜的，而新娘有穿婚纱的，也有身着用白绸缎缝制的中式旗袍的。所以，在当时，除了极少数的人穿婚纱外，旗袍算得上是中国早期的礼服了，与欧洲的"S"形礼服一样，旗袍展现的是女性的曲线美。但是，20世纪60年代后期至70年代是中国礼服的空白期，而且，当时还流行着这么一句话：革命伉俪多奇志，不爱红妆爱绿装。就连新郎新娘都是清一色的蓝色制服，时髦一点儿的则穿上绿色军装。所以，此段时间中国礼服的发展算得上是与国际脱轨了。这是中国礼服发展较慢的一个重要原因。直到20世纪80年代初，中国才重新开始接收外来元素，在婚礼上新郎开始穿西服，新娘开始穿婚纱。（图1-24）

图1-24

其次，在后期的礼服发展上，当人们谈到礼服行业发展的弊端时，款式仿制与抄袭现象的出现，是国内市场所特有的让所有人为之头疼的问题。随处可见的婚纱小作坊由于缺乏设计上的人才，仿制成了他们谋生的手段，以至国内婚纱很少有亮点，更谈不上一系列个性鲜明、具有特色的产品。所以，至今为止，没有几个中国礼服品牌能够挤入国际市场。幸好这一现象被一些专业人士所看透，一些品牌开始做具有中国特色的华服，例如中国品牌 NE·TIGER，就在礼服设计中把中国元素运用得淋漓尽致，做出了具有中国特色的礼服。NE·TIGER 是中国顶级奢侈品品牌的象征，创造了中国高级定制礼服、高级定制婚礼服和高级华服的领先优势，带动了中国礼服的前进与发展。（图 1-25）

图 1-25

礼服行业的发展与社会经济的发展有着不可分割的关系。礼服是礼仪之服，在过去原本是豪门贵族的服装。它的发展历史与地域、社会、种族、阶级有必然的联系。从古至今，无论是哪个社会、地域、种族，其下层劳动阶级都是为了生计而到处奔波，根本就无暇顾及这种礼仪服装。所以，在当今社会也是同样的，人们只有在生活水平提高后，才会有闲情来关注服饰，才会来提升自己的生活品质与审美观。这样，消费人群增多、礼服需求量增大自然能够促进礼服行业的发展。

尽管现在国内礼服行业的发展还是不太尽人意，但是发展的前景还是十分乐观的，因为它有无限的发展空间等着我们去挖掘。虽然尽善尽美的行业是不存在的，但是行业发展的趋势是可以预见的。因此，我们要看清事情的现象与本质，根据发展趋势调整策略，向优秀的礼服企业学习，向国际市场靠拢。

思考与练习

1. 简述礼服的产生与发展史。
2. 简述礼服的种类与特征。
3. 分析礼服的造型、色彩以及材料的运用。

高等院校服装专业教程
婚纱礼服设计

第二章 小礼服设计

导读

小礼服浪漫、简练,透露着青春时尚的气息。合适的小礼服不但让着装者在工作场合进退得宜,若加上合适的配饰,在晚宴上也能大方得体。小礼服是以小裙装为基本款式,具有轻巧、舒适、自在的特点,小礼服的长度应因不同时期的服装潮流和当地习俗而变化,适合在众多礼仪场合穿着。(图2-1)

一 小礼服的含义及演变过程

(一)小礼服的含义

小礼服通常是指款式较短的礼服。一般是指刚至膝盖或稍微过膝的礼裙。小礼服在工艺方面一般不会特别复杂,想要穿着一款小礼服出彩的话,通常要根据穿着者的肤色、体形、性格和穿着场合等相关要素进行设计。小礼服要有精彩的设计重点,这个重点就是穿着者想要表达的中心。不同的设计体现小礼服不同的风格,而不同风格的小礼服使穿着者在不同的社交场合都能展现出自己独特的品位和气质,这刚好体现了服装与人体的完美结合。

根据不同的场合,在穿着礼仪方面,小礼服适合在相对轻松的氛围穿着。如小型宴会晚会、鸡尾酒会、公司年会等场合,或者在某个场合需要穿礼服但自己又不是主角,亦要穿小礼服,以免喧宾夺主。例如我们通常见到的伴娘穿的短礼服就是小礼服。但不管是何种场合下的小礼服,都多采用高档的衣料以及合理的剪裁设计,以展现女性的完美的曲线。(图2-2)

图 2-1

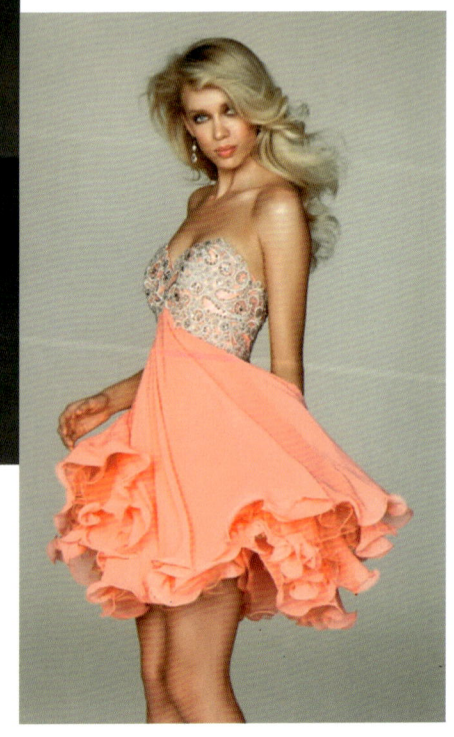

图 2-2

(二)小礼服的演变过程

小礼服最早出现在 20 世纪 20 年代,当时主要是指出席鸡尾酒会穿着的一种裙子,多是直筒造型,裙摆到膝盖。穿着时配上礼服小帽、手套并配以小手袋。色彩主要是宝石色,都为日间穿着。

1926 年,在美国时尚杂志 VOGUE 上某国际品牌发表了一件简洁的直身短装黑色礼服,此款黑色礼服只有少量的对角线作为装饰,VOGUE 杂志评论说这种黑色小礼服适合当时所有社会阶层女性,并且预言这种小礼服的雏形会成为全部女性必不可少的服装。这款礼服被称为加布里埃尔·香奈儿的"福特 T 型号车"。

20 世纪 20 年代末,小礼服依旧是仿照日间服的设计,只是在设计细节上更加考究。

20 世纪 30 年代至 40 年代,小礼服变得全天可穿。它突破了时间的限制。小礼服长度一般仅仅到膝盖位置,面料主要是丝和缎,色彩以黑色为主色调。通常由人造钻纽扣和服装配饰(比如胸针、亮片)点缀。这样的搭配上班时穿显得简洁而严谨,晚上参加派对时穿又显得时尚而典雅。

20 世纪 50 年代末,小礼服大多在电影里被女明星穿着,由于当时的摄影仅限于黑白色,所以为了电影成像的需要,当时的小礼服仍以黑色为主。区别于舞会上大礼服的体积庞大,小礼服显得活泼得多,很快成了当时女性行动自由和身心自由的标志。

第二次世界大战后,小礼服的设计开始发生巨变:款式变得更加开放,领口变得更低,小礼服的长度变短,更加贴身并突出女性"S"形的曲线,袖子也被取消。面料上,这时的小礼服多采用反光亮片和闪亮的刺绣,因此装饰性更强,视觉冲击力也更强。

20 世纪 40 年代末,第一个提出"小礼服"这个词的人是克里斯汀·迪奥。对于当时出席鸡尾酒派对的女性,夸张的帽子,长至手肘的手套,以闪光粉盒为配饰的小链袋和与手袋、服装颜色相衬的鞋子成为一种传统着装。(图 2-3)

20 世纪 60 年代,小礼服上的装饰品开始减少,裙身变窄,色彩相对变淡,之前的黑色被粉彩、银色和金色所替代。小礼服的设计仍紧跟当时的潮流。

20 世纪 70 年代至 80 年代,服装上追求宽松。小礼服也被宽松的连衫裤和裤子所取替。

20 世纪 90 年代,小礼服重新兴起。这时的小礼服更多的是被时尚人士所追捧,明星们都开始喜欢穿着小礼服出现在红地毯上。各国际品牌由此开始重新隆重演绎小礼服系列。(图 2-4)

图 2-3

图 2-4

(三)小礼服的现代特色

到了今天,小礼服成为各大时装品牌中不可缺少的设计系列。从小礼服的产生到演变至今,历史上发生了几次风格上的转变。现代的小礼服在设计上更加多元化:风格多变,设计独特,色彩丰富。在经济发达的今天,小礼服正在引领着时尚的潮流。对于百变的女性,小礼服也在演绎着不同的女人味,同时,它更是品位与地位的象征,是现今女性无法抗拒的时尚单品。

小礼服的风格多种多样,有复古典雅、清新甜美、名媛淑女、性感时尚等。

小礼服在款式上也新颖独特,有抹胸款、吊带裙款、斜裙款、蛋糕款、鱼尾款等。

小礼服在用料上更加丰富,有雪纺、蕾丝、绸缎、真丝、羊毛、皮质等。

小礼服在用色上紧跟流行趋势,除继续沿用单色外,多色搭配和色彩丰富的印花图案也越来越多地体现在小礼服上。(图2-5)

图2-5

二 小礼服的分类设计

小礼服的分类方式有很多,可以按照风格来划分,也可以按照款式来划分,而更多的是按穿着形式划分。

(一)伴娘式小礼服

伴娘是婚礼上一道靓丽的风景线,伴娘的服装在选择上要清新淡雅,风头绝对不可以盖过当日的主角——新娘。作为伴娘的小礼服一般有两个特点:短款、简单。伴娘礼服选择长度在膝盖上下的短款小礼服最为合适,这个黄金长度一来可以保证伴娘行动方便,不影响跑腿工作,二来也可以使伴娘显得年轻、活泼,与新娘的高贵端庄相区别。伴娘装还要尽量低调端庄,不要太暴露。

1. 款式方面

华贵而不张扬,得体大方,喜庆并带有亲切感的伴娘礼服款式,总体上和新娘的婚纱在风格上协调一致,这是伴娘礼服设计的基本原则。一般多使用"X"形和"A"形造型。(图2-6)

图 2-6

031

2. 色彩方面

淡雅中渗透着含蓄之美,娇艳中绽放出性感之风,伴随新娘左右,着装得体的闺蜜让婚礼更具品位。伴娘礼服一般都具有款式简单、线条流畅且能长时间流行的特点。如何设计出气质高贵的礼服,还需要在礼服的色彩和细节处下功夫。

由于新娘礼服多用纯白,粉红慢慢变成伴娘礼服的常规颜色。伴娘礼服在中国主要禁忌的颜色是黑色和红色,一个显得不吉利,另一个则无法与新娘区别。与新娘礼服的白色和红色相比,伴娘礼服的颜色选择余地很大,不过最好能根据婚礼的主题来选择颜色。(图 2-7)

既亮丽又低调的黄色是草坪婚礼、户外仪式的黄金搭档。

海洋婚礼、沙滩婚礼等不妨穿着绿色、浅蓝色服装,尤其是户外仪式更适宜缎面和雪纺面料的伴娘小礼服。(图 2-8)

在国际方面,国外的新娘和伴娘偏爱深紫、深蓝、艳粉、深红甚至黑色等色,而国内的新娘和伴娘则比较保守,淡粉、天蓝、嫩绿等浅色调的颜色都是国内女孩的最爱。尤其是粉色系小礼服,无论是艳粉、淡粉还是肉粉色,低调而不失华丽的装扮绝对是新娘身边最好的陪衬。(图 2-9)

香槟色很适合东方女性的肤色和气质,高贵的银色更能够彰显出婚礼的高雅格调,酒店婚礼、教堂婚礼与香槟色、银色的礼服是最好的搭配。(图 2-10)

图 2-7

图 2-8

图 2-9

图 2-10

伴随着个性婚礼、主题婚礼的出现，灰色、紫色、藕荷色等时尚的颜色也开始受到更多女性的青睐。（图2-11）

3. 面料与装饰方面

伴娘式小礼服面料一般以缎面、雪纺、纱料为主。同时搭配蕾丝、亮片和钉珠，使设计重点更加突出，为了避免抢掉新娘的风头，伴娘式小礼服在装饰上不会做得很夸张，装饰的面积也偏小，用面料做成立体花卉、蝴蝶结以及隐隐约约的亮片钉珠设计都成为伴娘式小礼服常见的装饰方法。（图2-12）

在配饰上，金银和水晶的配饰过于隆重，低调的珍珠装饰显得更加优雅。另外，也可与时尚相结合，搭配使用当下流行的饰品作为装饰。当然前提仍然是以突出新娘为主，所以恰到好处的装饰显得尤为重要。（图2-13）

图2-11

图2-12

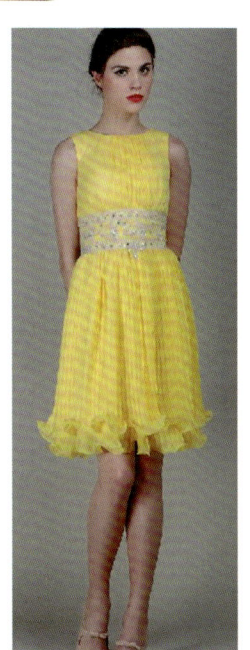

图2-13

033

图2-13

图2-14

4. 设计要点提示及示例

如图2-13，此款小礼服因是配合海滩样的婚礼形式，所以采用了波浪状的下摆设计，色彩上表现了与海洋沙滩相称的蓝绿色，注重了小礼服与婚礼场地的搭配。

如图2-14，此款小礼服主要用于草坪和室内婚礼形式，款式上简洁大方，腰部深一色调的蝴蝶结装饰突出重心。紫色浪漫又优雅，无论是身在草坪还是在教堂，都是伴娘非常出彩的穿着选择。

综上所述，在做伴娘小礼服设计时，有几个要点需要注意：

款式为短款，方便行走，避免喧宾夺主；

设计时只突出一个设计点即可；

细节上的设计根据婚礼的主题来定。

(二)宴会式小礼服

在当代，出席大小宴会是经常有的事情，每个人都想成为宴会的主角，视觉的中心。不同的风格，不同的款式搭配，使每个女性都展现出不一样的美感。随着时代的变迁，宴会式小礼服越来越亲民，在设计上的变化也越来越丰富。

现代宴会式小礼服在设计上主要根据当下的流行趋势以及穿着者的个性特点进行设计，一般具有时尚性和时代性的特点。

1. 款式方面

宴会式小礼服在造型上一般款式变化较多。设计形式上或采用透叠形式，使小礼服呈现出唯美、浪漫、轻盈、典雅的感觉。或采用修身形式，使小礼服呈现出高贵、大方、时尚、优雅的感觉。造型上除一般采用"A"形、"X"形造型外，还会根据不同的流行趋势进行设计。如图2-15，这两款小礼服就是用"A"形来体现女性的优雅。

图2-15

2.色彩方面

宴会式小礼服用色多为单色，一般是根据设计的廓型进行选材。设计特点时尚、新颖、个性。现代宴会小礼服常根据具体的廓型，运用褶皱、裁剪、面料立体造型、刺绣等处理手法进行设计，另外每年流行色的不同也会影响它的颜色选择。除了单色外，根据最近几年的流行趋势，拼色和多色印花也被大量运用于宴会式小礼服中。（图2-16）

①米色系小礼服

米色系小礼服具有古典与现代、高雅与时尚的特点。它能体现穿着者独特的品位和文化内涵。（图2-17）

②黑色典型小礼服

黑色典型小礼服具有典雅稳重的特点，在简单淡雅间体现迷人的女性魅力。（图2-18）

③蓝色系古典小礼服

蓝色系古典小礼服具有复古淡雅的特点，它能营造出如贵族般的华丽感，展现出女性古典而又尊贵的味道。（图2-19）

④白色典雅小礼服

白色典雅小礼服具有简洁优雅的特点，配以自然的造型、考究的工艺、得体的裁剪和名贵的面料带来成熟的女性魅力。（图2-20）

⑤多色搭配前卫款小礼服

多色搭配前卫款小礼服具有时尚前卫的特点，别出心裁的色彩搭配与花型设计，打破了单色小礼服给人的古板、沉闷的印象，以美观、舒适、简洁、时尚突出体格之美。（图2-21）

图2-16

图2-17

图2-18

图2-19

图2-20

图2-21

035

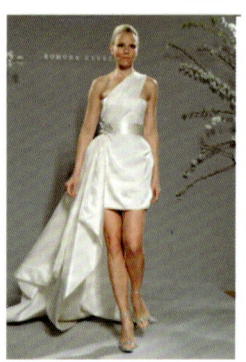

3. 面料与装饰方面

宴会式小礼服用料广泛，没有特殊的限制，传统的多使用丝绸以及纱质织物，现在的主要是根据宴会的需要选择面料。当然，设计造型不同对面料的要求也不同，也会影响到面料的选择。

在装饰方面，宴会式小礼服与伴娘式小礼服不同，它不需要衬托主角，因为在宴会中大家都想成为主角，因此设计上可大胆求新。或优雅或性感都精致地体现在细节装饰上，再加上穿着者的个人魅力，宴会式小礼服展现的是一个人的品位和地位。因此在细节设计上要根据穿着者的身材、性格等因素为其量身打造。

在配饰上，也要有一定的视觉冲击力，这样才能让你在宴会中脱颖而出。从头饰到耳环到颈饰到腰饰，甚至是包包、手表、鞋子，每件配饰都要与礼服相衬，使这件礼服整体上更加出彩。所以结合礼服的配饰设计也是不可缺少的。（图2-22）

4. 设计要点提示及示例

如图2-23，此款小礼服精致性感，前片的剪缺式设计恰到好处，配上干净时尚的蓝色，对于身材不错的女性来说，这款礼服一定会让你在宴会中脱颖而出。

如图2-24，此款小礼服重点突出，简洁的下摆设计凸显礼服肩部褶皱和立体的造型设计。反光度极好的面料配上传统的红色，让你在宴会中独特而耀眼。

综上所述，在做宴会式小礼服设计时，有几个要点需要注意：

款式上造型变化丰富，追求一定的视觉冲击；

色彩上无限制，一般根据流行趋势设计；

细节上的设计更多是根据宴会的场合来定。

图2-22

前片的剪缺式设计展现女性的性感

图 2-23

强调肩部褶皱和立体的造型设计

图 2-24

(三)演艺式小礼服

演艺式小礼服一般是在演唱会或者某些展示场合使用，因其主要有吸引人视线的功用，所以设计上要求有较强的创新。

1. 款式方面

演艺式小礼服因为其穿着场合的需要，款式设计上多采用比较夸张的造型手法，设计上会根据具体演绎的内容进行量身打造(如在演唱会中根据某首歌曲所表达的意境和氛围进行设计等)。

演艺式小礼服多在舞台上穿着，作为众多人的视觉中心，与现场的灯光和舞台效果的搭配显得非常重要，因为很多观众是在很远的位置观看，所以很多设计师在设计演艺式小礼服时都喜欢将廓型扩大化，并且在细节装饰上下功夫，以让细节装饰性更强。(图2-25)

2. 色彩方面

演艺式小礼服的色彩一般明度和纯度都比较高，金银色的使用频率较高。图2-26此款小礼服就运用了明度很高的颜色，并在装饰上运用金银色作点缀。

3. 面料与装饰方面

材料上一般会使用一些带有特殊肌理、闪光的面料，这样在舞台上的效果才会更加突出，恰到好处的面料选择是演艺式小礼服成败的关键。

装饰上比较注重钉珠、亮片、流苏等带有视觉感的立体装饰处理。在具体场合穿着时或闪闪发亮或随动作摆动，都能起到吸引人眼球的作用，图2-27、图2-28中的演艺式小礼服就运用了大量亮片、亮线作为主要装饰。配饰上也大胆求新，并不局限于传统的配饰，主要是根据穿着者的演出需要还有服装的整体造型进行设计制作。配饰是服装的一个延伸部分，所以很多时候都运用服装的面料或造型手法制作。

图 2-25 　　　　　图 2-26 　　　　　图 2-27

图 2-28

4. 设计要点提示及示例

如图 2-29，此款小礼服因是为前卫风格歌手 Lady Gaga 设计，所以大胆地采用了立体造型设计，利用面料再造的手法体现与众不同的未来感，色彩上虽然运用了简单的黑色，但巧妙地利用了不同的面料进行对比，多切面的造型设计配上反光的硬挺面料，使这件小礼服视觉冲击力极强。

综上所述，在做演艺式小礼服设计时，有几个要点需要注意：

款式造型上追求夸张和强烈的视觉冲击；
色彩上以高纯度色和金银色为主；
细节上的设计更多是根据演艺的目的来设计。

立体造型体现未来感

图 2-29

039

通过小礼服的分类研究，我们不难发现人们穿着小礼服的场合越来越多，而不同的场合对小礼服的需求又各不相同。我们在进行设计时一定要考虑到环境因素的影响，并结合穿着者本人的气质进行造型搭配。（图 2-30）

图 2-30

思考与练习

1. 分析宴会式小礼服的设计特点。

2. 选择一场演唱会或一个展示场合,根据其场合特点设计5款适合的小礼服。

3. 根据某一主题的婚礼,设计伴娘小礼服基本款,并根据基本款拓展10款伴娘小礼服。

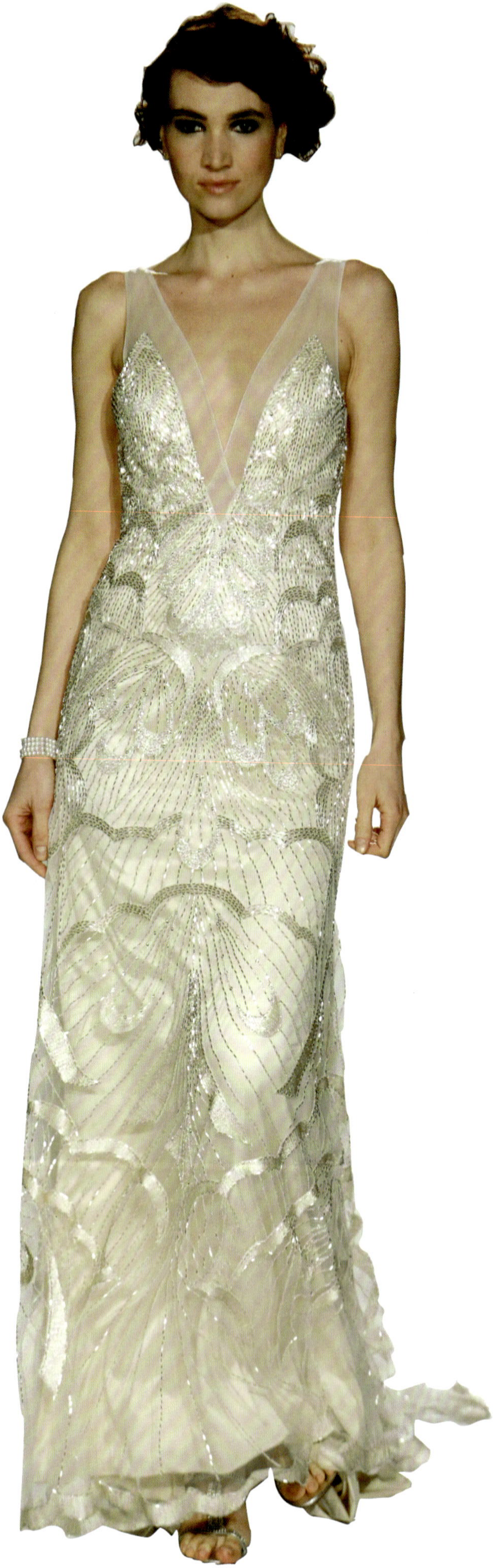

高等院校服装专业教程
婚纱礼服设计

第三章 晚礼服设计与应用

导读

晚礼服的设计变化丰富，设计点也很多，无论是在款式上的变化还是在色彩上的变化，不同的设计会体现设计师不同的品位。另外，对细节进行精致地装点，依据出席场合的不同进行设计，也是晚礼服设计的要点。晚礼服的整体造型需要考虑的方面是很多的。

一 晚礼服的特点与分类

(一)晚礼服的概述

晚礼服又叫夜礼服，是指晚上参加某些重要场合、仪式、典礼穿着的礼仪用服。因夜间光线弱，所以晚礼服一般采用夸张手法来体现穿着者的个性，加之华美的配饰如首饰、包袋、手套、鞋饰等共同构成整体装束效果。(图3-1)

从晚礼服的起源来说，此类服装源于西方欧洲国家宫廷贵族所穿着的服装，它不仅是穿着者身份、地位的象征，更代表着穿着者的财富和品位。这种专为晚间的社交活动而准备的奢华服饰是由当时奢靡一时的巴黎社交圈向外蔓延开来的。在中国的传统服饰中并没有晚礼服的概念，然而在西方文化的影响下，在国民经济水平不断提高的情况下，晚礼服逐渐出现在白皙、小巧、含蓄的东方女子的生活中，设计师们也根据东方女子的特点，不断推出专为她们设计的晚礼服作品。(图3-2)

图3-1

(二)晚礼服的分类

1.根据晚礼服发展的时间段分类

晚礼服依照发展的时间段可分为传统晚礼服和现代晚礼服。传统晚礼服是主要在晚宴会、歌舞会、音乐会等场合穿着的礼服，款式主要以西方传统的袒胸露背式连衣裙为主，造型以体积夸张庞大的"A"形为主，面料考究高档，做工复杂精致，强调女性窈窕的腰肢，夸张臀部以下裙子的重量感，肩、胸、臂的充分展露，为华丽的首饰留下表现空间。设计时可采用低领口设计，以装饰感强的设计来突出高贵优雅，有重点地采用镶嵌、刺绣、领部细褶、华丽花边、蝴蝶结、玫瑰花等细节装饰，以给人古典、正统的服饰印象。(图3-3)

现代晚礼服设计个性多变，在材料、款式上追求新奇，有许多突破，是创意礼服。同时，现代晚礼服设计也逐渐简化和随意化。(图3-4)。

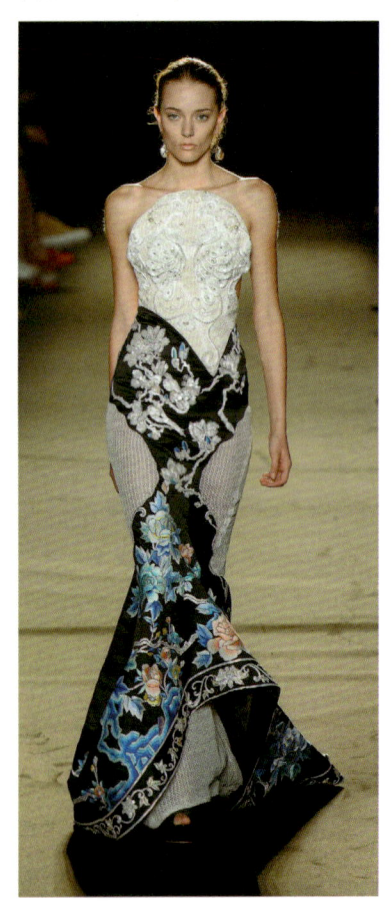

图3-2 具有东方韵味的晚礼服

图3-3 传统晚礼服

图 3-4 现代晚礼服

2. 根据晚礼服的风格进行分类

晚礼服风格各异,大致可分为西式晚礼服、中式晚礼服和中西合璧式晚礼服三大类。其中西式晚礼服袒胸露背,呈现女性风韵(图3-5~图3-7);中式晚礼服高贵典雅,有特有的东方韵味(图3-8);中西合璧的时尚新款则将中西方文化很好的融合于服装中,尽显女性知性、典雅之美(图3-9)。与晚礼服搭配的配饰适宜选择典雅华贵、造型夸张的饰品。

3. 根据晚礼服的式样结构制分类

晚礼服为上下连属制和上衣下裳制,其中上下连属制是指连衣裙式结构制,该结构制为西方传统式晚礼服。上衣下裳制又分为两件套式、三件套式等(图3-10)。

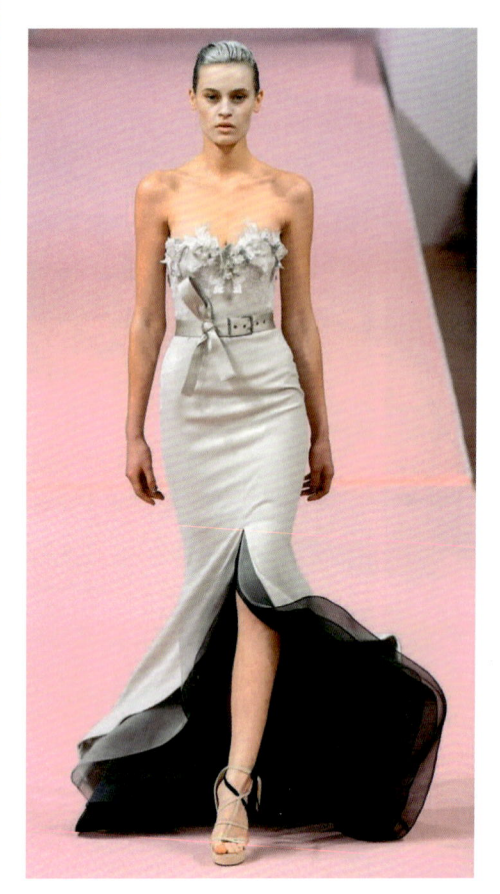

图 3-5　西式晚礼服

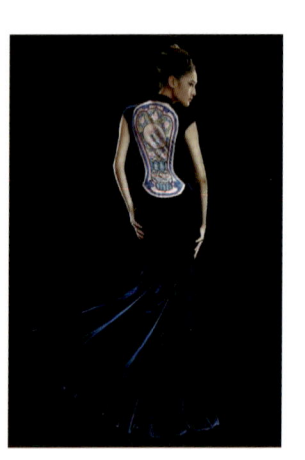

图 3-8　中式晚礼服

图 3-7　西式晚礼服

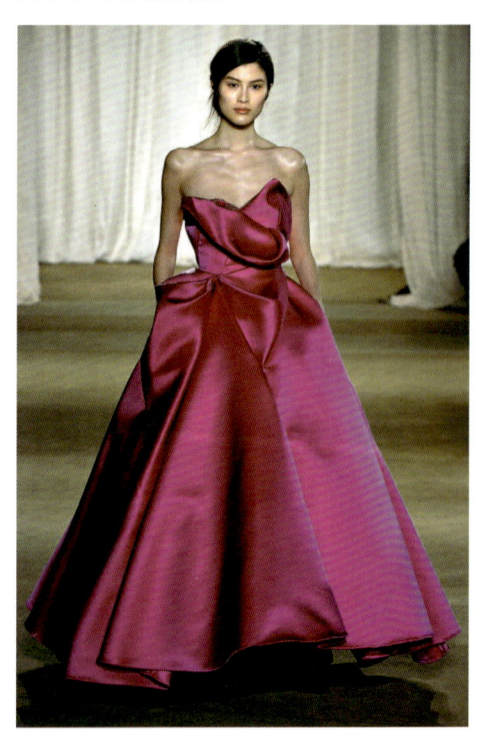

图 3-6　西式晚礼服

图 3-9 中西合璧式晚礼服

图 3-10 两件套式晚礼服

047

二 晚礼服的设计原则

(一)特定原则

依据出席场合的不同,选择特定的晚礼服,以适合周边环境的氛围。如参加各类颁奖晚会要穿着高档而又不失个性的礼服(图3-11);出席音乐会及歌剧院类场合应穿着丝质礼服,除艺术气氛上的考虑外,还有一个原因:丝质纤维对音乐的反射最为合理,能让音乐的效果更加珠圆玉润(图3-12)。

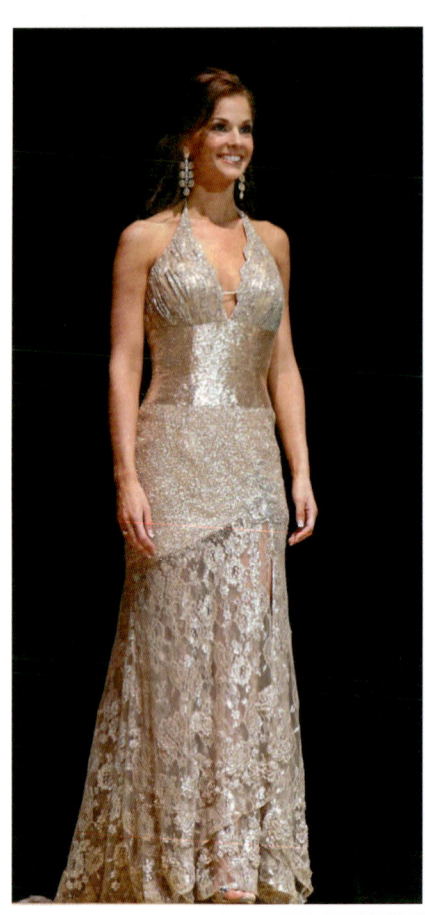

图 3-11

图 3-12

(二)适身原则

服装是以体现穿着者气质为设计出发点和目的的，因此晚礼服的款式设计要做到量体裁衣、因人而异。根据人体外形的不同可大体分为身材娇小玲珑者、身材修长者和身材丰腴者三大类。

1.身材娇小玲珑者

身材娇小玲珑者应选择中高腰、腰部打褶的礼服，以修饰身材比例。应尽量避免下身裙摆过于蓬松，肩袖设计也应避免过于夸张，上身可以多些变化，腰线建议用"V"字微低腰设计，以增加修长感。（图 3-13）

2.身材修长者

身材修长者是天生的衣架子，任何款式的礼服皆可尝试，尤其是包身下摆呈鱼尾状的礼服更能展现其身姿。（图 3-14）

3.身材丰腴者

身材丰腴者适合直线条的裁剪，穿起来较苗条。花边花朵宜选用较薄的平面蕾丝，不可选高领款式，腰部、裙摆的设计上应尽量避免繁复。（图 3-15）

图 3-13

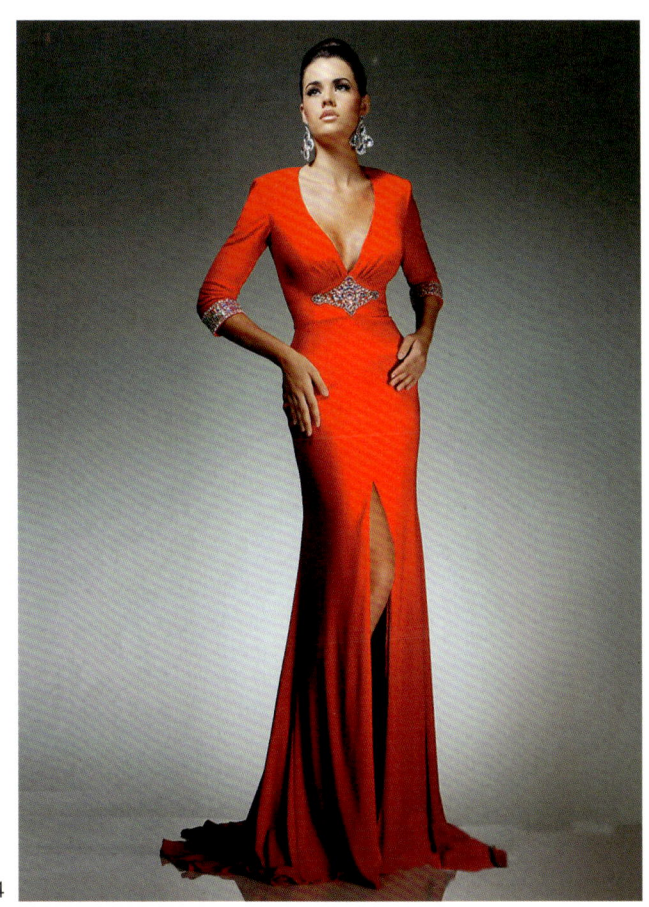

图 3-14

图 3-15

三 晚礼服的设计应用

(一)晚礼服外廓型设计

晚礼服的外廓型主要是指晚礼服的外轮廓造型。服装的外形是设计的主体，并且具有很强的时代感和流行性，晚礼服作为一门视觉艺术，外形轮廓能给人们深刻的印象。在服装整体设计中，造型设计占首要的地位。服装外轮廓可归纳成"A""X""H""Y""O"五个基本廓型。在基本型基础上稍做变化修饰又可产生出多种造型来，例如以"A"形为基础能变化出帐篷线、喇叭线等造型，对"H""Y""X""O"形进行修饰也能产生更富情趣的轮廓型，在晚礼服的廓型设计中，主要运用对比和夸张的手法来强调艺术性和装饰性。

1. "A"形设计

"A"形是女性最具有代表性的造型，主要是收紧上身，夸大下摆，外廓型呈现上窄下宽的视觉特点。如图3-16，此款为Armani Prive 2013春夏高级定制晚礼服，主要造型是在下摆的夸张上。

"A"形晚礼服的设计要点主要是集中在下摆的造型上，除了造型夸张，设计师也常采用多种装饰手法对下摆进行装饰。相对而言，"A"形晚礼服上身部分造型较简单，体积较小，但装饰上有的晚礼服还是会有所加强。如图3-17，此款为Stephane Rolland 2014春夏高级定制晚礼服，其主要是通过鲜亮的色彩和大气的"A"形来体现晚礼服的飘逸感。

在着装上，"A"形外轮廓的晚礼服便于塑造身体曲线，飘逸的裙摆有助于改变身体的直线感。

传统晚礼服"A"形设计：传统的"A"形晚礼服一般来说还会在人体做曲线造型，使之大面达到一种"A"形效果，给人稳重、成熟、典雅之感。

现代晚礼服"A"形设计：根据现在的流行特色，一般呈现直线型"A"形造型感，线条感比较强，里面的造型结构比较简洁。根据当代的流行趋势，"A"形慢慢演变，已经不再像之前那么单一，它会结合其他廓型出现，只追求大效果的"A"形。图3-18两款是Stephane Rolland 2013春夏高级定制晚礼服，内部结构有收腰贴体设计，但大廓型仍以"A"形为主。

图3-16

图3-17

图3-18

050

2."X"形设计

"X"形是最能体现女性身材的廓型，它夸张肩部和下摆，收紧腰部，充分体现女性身材特征。在服装发展历史中，对腰线的强调是古典审美特点之一，所以"X"形在晚礼服中的运用是非常多见的。

"X"形晚礼服的设计要点主要集中在肩部和裙摆两大部分，所以设计师们在考虑裙摆设计的时候，要同时考虑肩部的设计，腰部设计则适当简化以达到收紧的效果，基本不做立体装饰，但可适当加入一些钉珠亮片的装饰。如图 3-19，此两款是 Giambattista Valli 2012 秋冬晚礼服，它们都运用了立体褶皱表现"X"形外轮廓。

"X"形是大部分女性追求的理想体形，但并不是所有的女性都能拥有完美的体形，如果不够完美那我们就通过服装来达到这一理想体形。如图 3-20，此两款是"梦幻女王"Alexis Mabille 2013 春夏高级定制晚礼服，梦幻的颜色配上"X"形外轮廓，彰显出女性曲线之美。

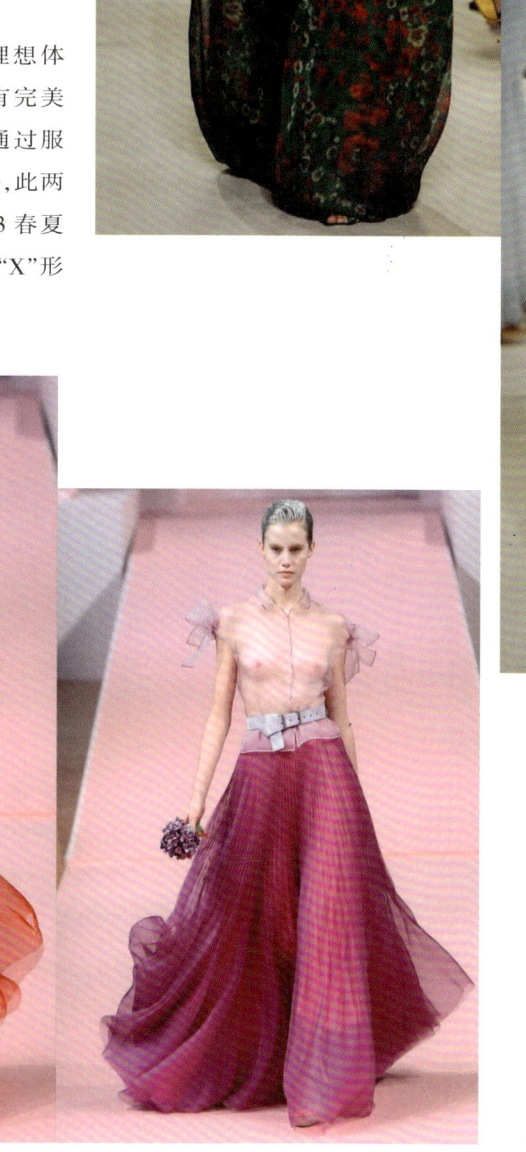

图 3-19

图 3-20

3. "H"形设计

"H"形类似矩形，强调平直，没有明显的曲线。它不夸张肩部和下摆，也不收紧腰部，是对女性身体束缚相对较小的廓型。

"H"形晚礼服的设计要点主要以体现人体的自然美为主，尊重人性化设计，提倡简洁、大方的着装效果。如图3-21，此款是Alexandre Vauthier 2014春夏高级定制晚礼服，简洁的"H"廓型线条流畅。

在着装上，"H"形外轮廓的晚礼服可以将粗壮的腰部有效的掩盖起来。从整体上看，穿着"H"形的晚礼服会使人显得很修长，因而是偏胖体形非常适合的选择。当然，"H"形外轮廓的晚礼装也同样适合其他体形，它的包容性相对较大。如图3-22，此两款另类复古的高级定制晚礼服，平直的"H"廓型表现了女性的简洁大方之美。

图 3-21

图 3-22

4."Y"形设计

"Y"形是男装最具有代表性的服装廓型，类似倒梯形，上宽下窄，夸张肩部，收紧下摆。如图3-23，此两款是Serkan Cura 2013春夏高级定制晚礼服，夸张的肩部主要通过羽毛来表现，下摆收紧，重现了"Y"的外廓型。

"Y"形晚礼服的设计要点主要以体现肩部造型设计为主。设计师们将该造型设计手法运用到女性晚礼服设计中，尽显穿着者硬朗、明快的风格。夸张肩部的方法有很多，每个设计师在体现"Y"形时都有自己的特点。如图3-24，此两款是Stephane Rolland 2013秋冬高级定制晚礼服，设计师巧妙地运用了立体造型方法夸张肩部，体现了晚礼服"Y"的外廓型。

"Y"形晚礼服为了体现肩部的造型，往往会选择不同的材质来表现，通过面料的互相衬托，加强肩部的夸张效果，起到视觉重心上移的作用。如图3-25，此两款是Atelier Versace 2013春夏高级定制晚礼服，通过不同面料的对比，凸显出了肩部设计，达到了"Y"的外廓型。同时，"Y"形晚礼服的肩部造型，还可利用同种面料的不同处理方法，以达到夸张肩部的作用。

图3-23

图3-24

图3-25

053

5. "O"形设计

"O"形主要是收紧下摆，显示夸张柔和的特点，特别是腰部线条松弛，不收腰，整个外形由弧线构成，比较饱满、圆润，给人柔和、温暖的感觉。如图3-26，此两款礼服是Christian Dior 2013春夏高级定制晚礼服，简单的"O"形用流行的立体花做装饰，尽显女性的圆润、柔美。

"O"形晚礼服是以解放女性腰身为目的的一种造型设计。"O"形的晚礼服在造型上会用很多手法表现，如褶皱、填充等。（图3-27）

根据流行的不停演变，现代的晚礼服已经打破了传统"O"形的设计特点，为了凸显女性的身材，设计师往往会进行多层次的设计。"O"形只作为其中的一个层次出现。如图3-28是Alexis Mabille 2012秋冬高级定制晚礼服，内层的廓型采用相对收身的剪裁，外层则运用"O"形设计，既展现了女性的曲线身材，又表现出"O"形晚礼服特有的柔美。

图3-26

图3-27

图 3-28

055

(二)晚礼服色彩设计

礼服的色彩大胆、浓烈、醒目而绚丽，表现力直白而不拘一格。传统礼服色彩多为黑色、白色、红色、紫色、绿色等纯度很高的颜色，同时也采用柔和细腻的粉彩系列，也有斑斓的印花面料使用。而现代礼服的颜色更加丰富，有灰色、粉彩色、金属色等，色彩使用更加时尚甚至街头。

1.黑色晚礼服

黑色给人冷艳、神秘、高贵的感觉，同时尽显女人性感本色。若是在样式上多一些变化，或是加以明亮的装饰，比如裙摆上的镂空蕾丝，面料上暗花的点缀，一条别样的披肩……就可以立即打破黑色过于凝重的感觉，让女人们楚楚动人。如图3-29是Serkan Cura 2013春夏高级定制晚礼服，通透的黑色显得神秘高贵。

单纯的黑色会显得沉重，所以设计师常喜欢用不同面料的对比来打破这种沉闷，如图3-30~图3-32，不同面料的对比使得黑色不再沉闷。

图3-29

图 3-30

图 3-31

图 3-32

2.白色晚礼服

白色晚礼服优雅高贵,同时象征女性洁白无瑕的品质。晚礼服通常需要明亮的点缀,才能让它在夜间星光熠熠,闪光面料、褶皱、蕾丝花边、亮片或者是宝石,都是晚礼服常用的点缀手法。如图3-33,此款晚礼服就是选用亮片做点缀。

白色晚礼服为了打破色彩上的空白感常会对面料进行二次创造。如图3-34,此系列是Marchesa 2012年发布的晚礼服,对面料不同的处理方法使每件礼服都设计独特。(图3-35、图3-36)

图 3-33

图 3-34

图 3-35

061

图 3-36

063

3. 红色晚礼服

红色热情奔放,红色的礼服更让女人们显得妩媚。鲜艳的红色,会让整个夜晚燃烧。红色晚礼服在设计时,可以在红色的面料上添加荷叶边以平衡红色的冲击,让人变得柔和、甜美。如图 3-37,此款是 Marchesa 2012 年春夏发布的晚礼服,鲜艳的红色热情奔放。

红色作为中国传统颜色,在晚礼服中被广泛运用,体现了一种特殊的东方韵味。红色的使用大多会与中国的传统刺绣相结合,纹样也大多是中国的传统吉祥纹样。西方的红色多表现女性的热情、性感和大气。(图 3-38)

图 3-37

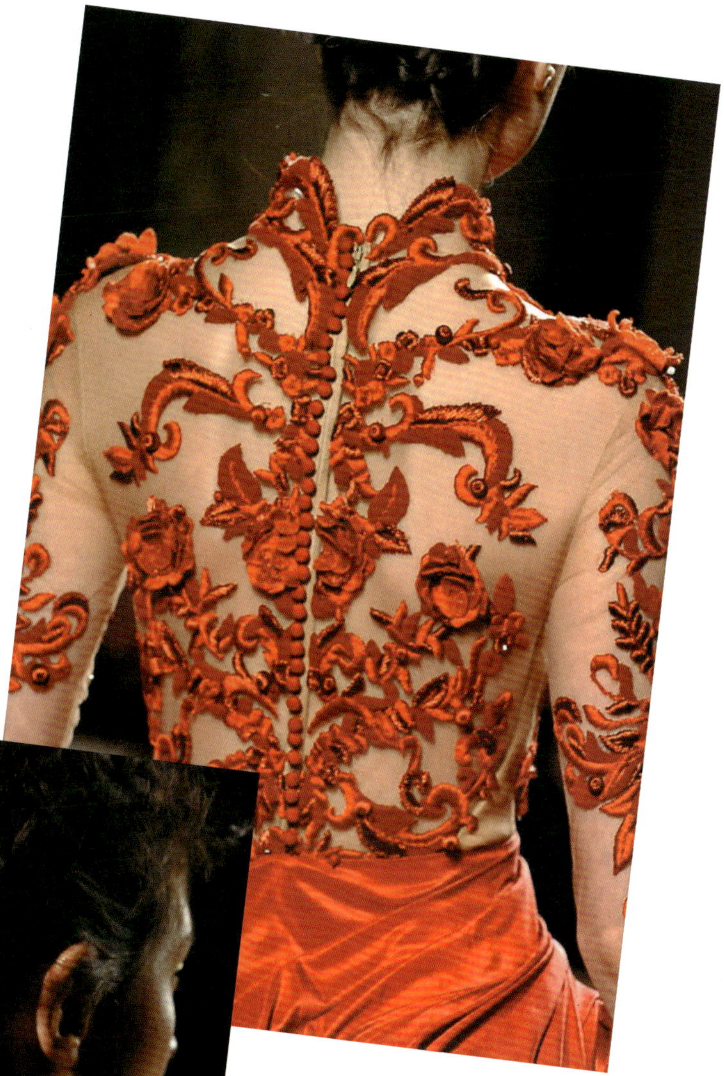

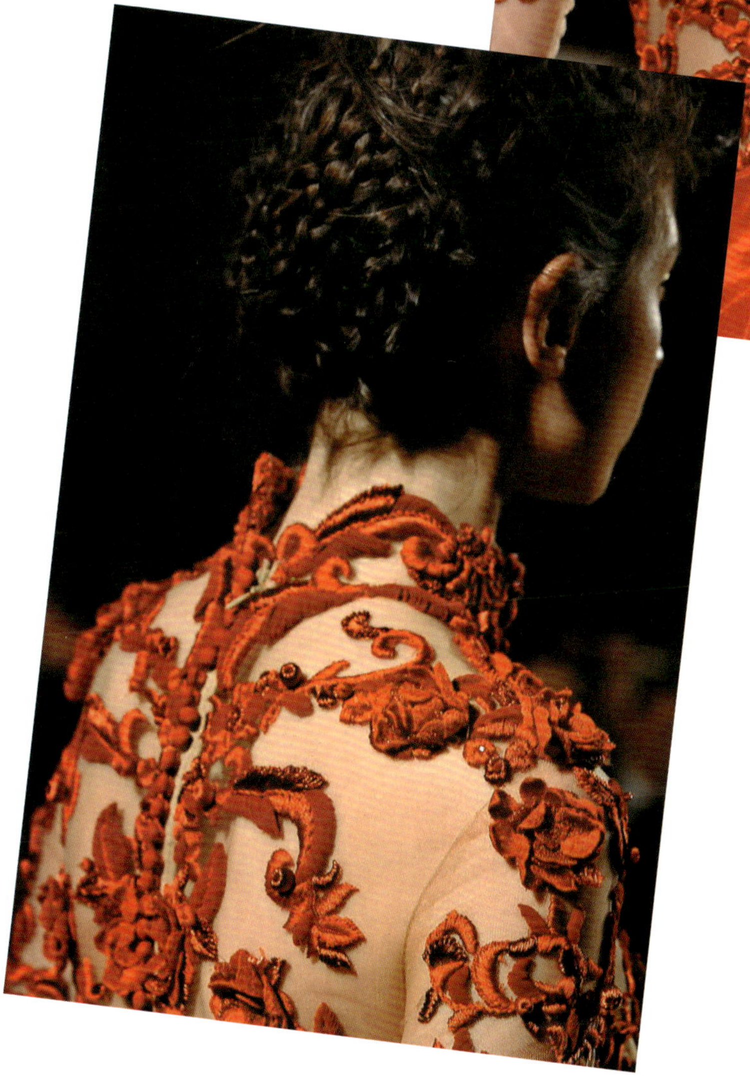

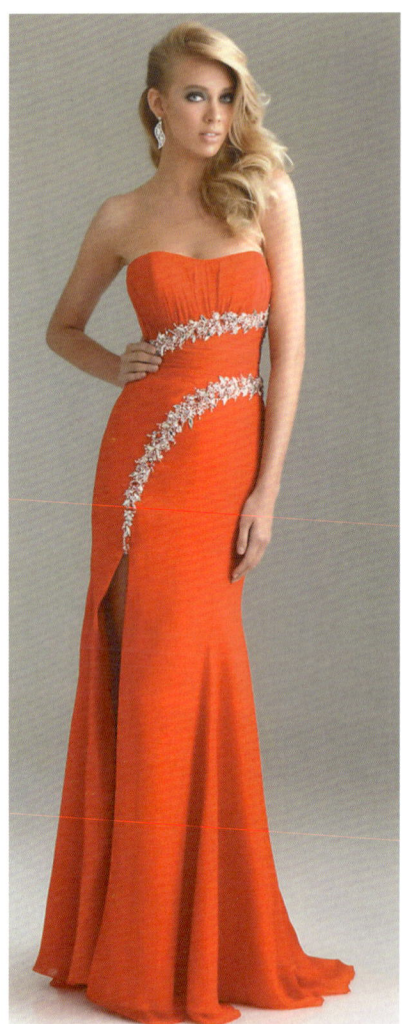

图 3-38

067

4. 花色晚礼服

花色礼服拒绝单一的装扮：颜色上要缤纷亮丽，装饰上要新颖别致。荷叶边、蕾丝、珠片，连绵却又变幻的花的造型，都能使花色晚礼服显得高雅时尚。如图3-39，此系列是Giambattista Valli的晚礼服，其大胆地运用了色彩的拼接，使晚礼服显得新颖而丰富。

另外，根据流行趋势的变化，最近几年很流行色彩丰富的印花图案，晚礼服当然也要赶上这一潮流。如图3-40，此系列是Giambattista Valli 2012秋冬高级定制晚礼服，其运用了复古印花图案，使晚礼服显得时尚优雅。（图3-41~图3-43）

图3-39

图 3-40

069

图 3-41

071

图 3-42

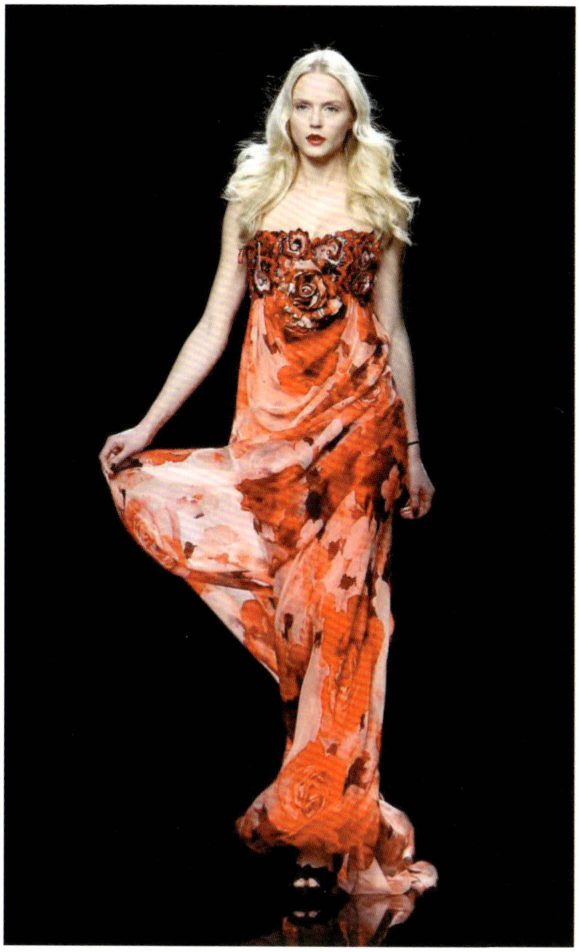

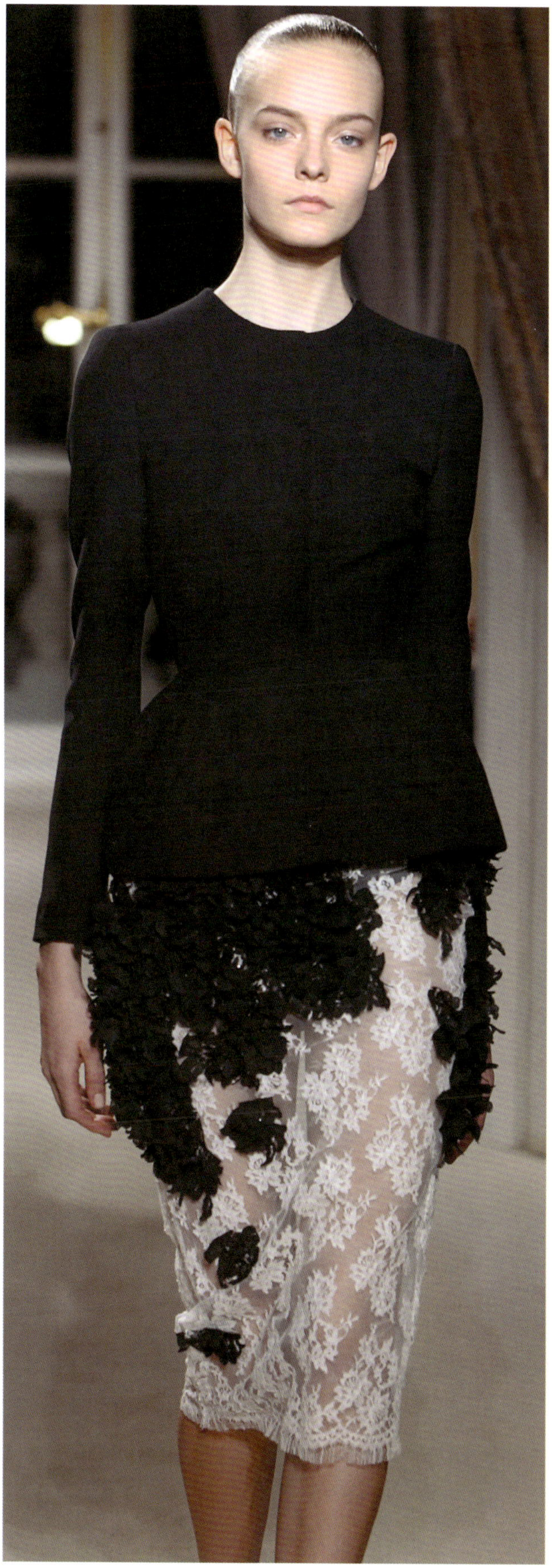

图 3-43

075

(三)晚礼服的创意设计

1.款式方面

晚礼服在款式上不断求新,力求设计的与众不同。各设计师风格多变。(图3-44)

2.色彩方面

摆脱传统的单色,色彩运用要更加丰富多变。(图3-45)

图3-44

图 3-45

077

3.面料方面

除了原始的绸、缎面料，各种其他材质的面料也被大量运用于晚礼服中。（图3-46、图3-47）

晚礼服的设计变化丰富，设计点也很多，无论是在款型上的变化还是在色彩上的变化，不同的设计会体现设计师不同的品位，再用精致的细节进行装点，最后依据出席场合的不同进行设计，晚礼服的整体造型需要考虑的方面是很多的。

对晚礼服的设计需要设计师有很好的知识储备，除了要把握好一个大的轮廓，在不同轮廓内的细节处理也显得很重要。打破传统的概念，晚礼服追求的是个体的、与众不同的、设计独特的。所以对面料的合理运用能力也是必不可少的。

综上所述，想要设计出一件完美的晚礼服，需要考虑的方面是很多的，所运用到的知识也是非常综合的。

图3-46

图 3-47

四 晚礼服配饰搭配

(一)首饰

可选择珍珠、蓝宝石、祖母绿、钻石等高品质的配饰，也可选择人造宝石。（图 3-48）

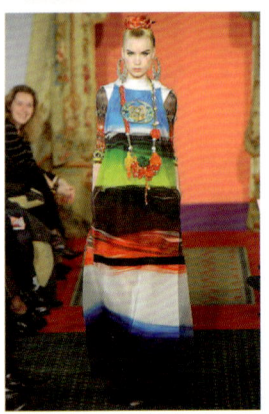

图 3-48

081

(二)鞋饰

多配高跟细袢的凉鞋或修饰性强、与礼服相宜的高跟鞋,如果脚趾外露,就得与面部、手部的化妆同步加以修饰。(图3-49)

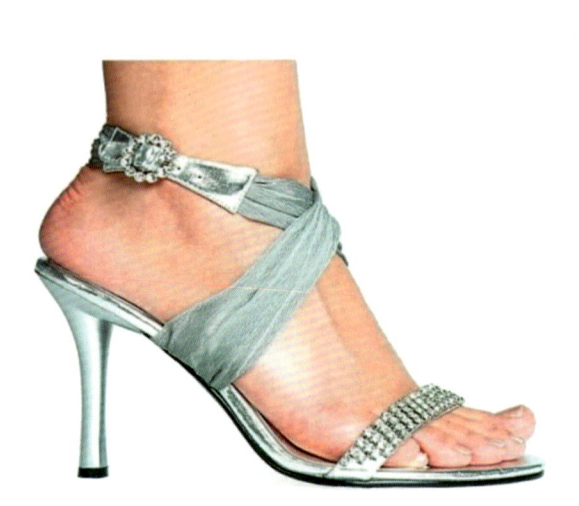

图3-49

083

图 3-50

(三)包袋

包袋设计要精巧雅致,多选用漆皮、软革、丝绒、金银丝混纺材料,用镶嵌、绣、编等工艺结合制作而成。华丽、浪漫、精巧、雅观是晚礼服用包的共同特点。(图 3-50)

思考与练习

1. 收集晚礼服相关资料,掌握晚礼服流行趋势与晚礼服设计原则,为今后从事晚礼服设计打好基础。
2. 收集国际、国内知名晚礼服品牌资料,写出一份调查报告。
3. 根据晚礼服的廓型特点,设计晚礼服线稿20幅。
4. 结合自己的设计理念,设计创意晚礼服3款,以彩色效果图形式表现。

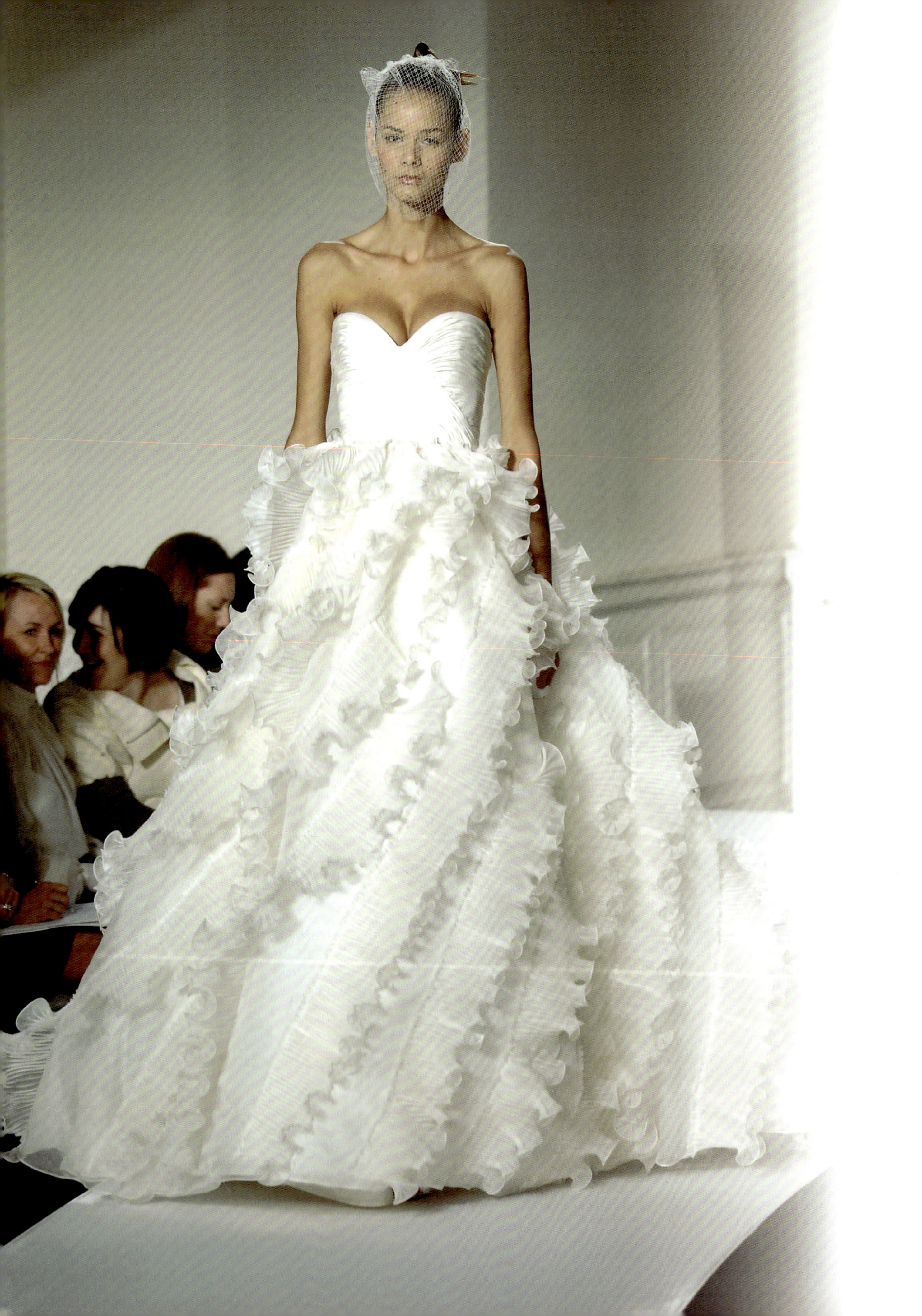

高等院校服装专业教程
婚纱礼服设计

第四章 婚礼服设计知识概述

导读

白色的婚纱，是现代婚礼文化中最重要的一部分，任何一个国家，除了保留自己本民族的婚礼服饰外，越来越多的新人选择白色的婚纱与白色的礼服。白色婚纱已经成为婚礼服最典型的代表，女人从小时候起就有拥有白纱礼服的梦想。

一　婚礼服设计的含义

婚礼服即在举行结婚仪式以及婚宴时穿着的服装。

婚礼服分中西式，西式婚礼服大多为裙装，被称为婚纱。传统的婚纱款式一般为上身紧贴，下摆夸张，裙摆及地或者有较长的拖尾，裙装面料多采用缎子、棱纹绸等面料，颜色多为白色，象征新人纯洁的身心，婚礼时新娘配用花冠或头纱、面纱、手套、花束等，以营造一种浪漫唯美、典雅华丽的风格。（图4-1）

中式的婚礼服一般指中式传统裙褂，款式上比较修身，层次少，根据中国传统风俗习惯，颜色多采用红色或其他艳丽的色彩，材料一般使用绸、缎、纱等，装饰上有大量刺绣、钉珠、镶嵌、盘结等手法的使用，旨在塑造一种端庄大气和华贵的形象风格，其中旗袍是现代人比较推崇的一种中式婚礼服。（图4-2）

现代的婚礼服因现代人的审美、个性、习惯等不同，款式造型上更是千变万化，不再限制颜色也不再限制面料，更兼各式各样装饰手法的运用，呈现多种多样的趋势，理念式婚礼服设计开始盛行。

图4-1　西式婚礼服

图 4-2 中式婚礼服

二 西式婚礼服的起源与发展

婚礼虽然是世界各国自古以来就存在的仪式,但是白色婚纱在婚礼上出现的时间并不是很长,女性在19世纪前并没有特定的结婚礼服,新娘出嫁时所穿的礼服也没有统一颜色规格,一般是在结婚当天穿上自己最漂亮的衣服作为结婚礼服。

(一)西式婚礼服的起源

1.最早的婚纱记录

虽然婚纱在婚礼上出现的时间不长,但是按照公元前4000年古埃及人遗留下来的象形文字可以看到,也许最早的婚纱记录便是古埃及新娘穿的白色亚麻质地的多层细褶薄纱裙。(图4-3)

2.婚礼服的雏形追溯

婚礼服的雏形可以追溯到古希腊米诺三代王朝(公元前1700年~公元前1550年),那时候的贵族妇女所穿的前胸袒露,袖到肘部,胸腰部位由线绳系在乳房以下,下身着钟形衣裙,整体紧身合体的服装形式酷似现在婚纱的设计形式。

(二)西式婚礼服的演变

14世纪,带有裙拖的紧身的柯特哈蒂裙成为传统的婚礼服裙。这种裙子一般用蕾丝装饰背部和前身,有着长而贴体的袖子和膨大的裙体,裙子开裂缝,露出里面也带有裙拖的衬裙。从这个时候起,直到20世纪,裙拖一直是裙装中不可缺少的要素。(图4-4~图4-6)

图4-3

图4-4

图 4-5

1499 年，法国路易十二与布列塔尼的安妮的婚礼上新娘穿的结婚礼服，是第一次有文献记载的婚纱。

1533 年，意大利佛罗伦萨美第奇家族的凯瑟琳远嫁法国国王亨利二世时，因为她个子矮小，意大利鞋匠特地为她定制了几双高跟鞋，在结婚典礼上，她成为法国宫廷里颇具魅力的女人，高跟鞋造成了极大的轰动，后来传遍了欧洲，很长时间里成为贵族地位的象征。不仅如此，她还推动了蕾丝、紧身内衣的流行，同时带来了婚礼上的舞会，这些对以后的新娘来说，无一不是必备之物。

到 17 世纪和 18 世纪，当中产阶级逐渐壮大以后，服装从实用主义变为艺术形式。这时期装饰工艺盛行，灿烂的织锦、丝绸、缎子大量的装饰着刺绣、蝴蝶花、缎带和珠宝，礼服有裸露的落肩领线，夸张的裙撑，扫地式的裙拖，环形裙撑和垫臀衬裙，使得撑开的裙子达 1~1.3 米宽，其呈现出的繁复华丽的穿着效果形成了这个时代的显著特色。（图 4-7）

图 4-6

图 4-7

091

图 4-8

19世纪初期,受法国大革命影响,女性开始穿简洁的印花布裙,样式类似于窄圆柱形的爱奥尼亚式柱,而婚纱的样式也多变为高腰线的服装,称为帝国(即拿破仑帝国)风貌。这个时期的婚纱款式和20世纪的奢侈风格形成鲜明的对比,裙型一下子变为苗条的外轮廓,显示出女性真实的体形,此时,由于对古风的效仿,新娘又戴起了面纱,新娘将蕾丝和薄薄的面纱固定在玫瑰和桃金娘花环上戴在头后,形成了新古典主义样式。

至1840年,英国维多利亚女王在婚礼上穿着了一件白色婚纱,拖尾长达5米多,轰动一时,得到皇室与上流社会新娘的相继效仿。从而使维多利亚时代窄腰、紧身、优雅蓬松的裙子,成了新娘婚纱的经典样式。而白色由于象征着新娘的美丽和圣洁,逐渐成为婚纱礼服的首选颜色。从此,白色婚纱便成为一种正式的结婚礼服。按西方的风俗,再婚的女性,婚纱会用粉红或湖蓝等颜色,以示与初婚之别。(图4-8)

到20世纪20年代,随着社会思潮的融合,新技术的发展,流行取代了习俗,整个20世纪20年代,婚纱主要流行低腰线。1934年,希腊的玛瑞拉公主和英格兰肯特的杜克的婚礼上,新娘穿一件纤细的白色鞘形裙,银色贴体中长袖子,宫廷式裙拖瀑布似地从肩部垂到地面。这种优雅的着装形式,就是20世纪30年代流行的体现。

在第二次世界大战期间,很多女性认为放弃传统婚礼形式是爱国行为,婚纱的造型往简洁化发展。婚纱的面料一般常用细薄的棉布、绉纱、锦缎、绸缎、细麻布、蕾丝等,而色彩为纯白、象牙白、浅蓝、粉红、淡紫等,装饰上一般是手针织物。(图4-9)

1950年后,在时尚方面,纤细的身材开始流行。婚纱多采用"V"形腰线,裙子为铃形,长方形裙拖;鸡心领、横领开得很宽,几乎露肩;面料用细麻布、细薄棉布、毛葛;硬邦邦的裙撑、衬裙和硬纱因为戏剧性而流行;头发被梳成蓬松的、戏剧色彩的式样;双层面纱从头部垂落,注重浪漫感的营造。塔夫绸、蕾丝等所有奢华的织物也再度盛行。1954年,奥黛丽·赫本那既端庄又显示出敏锐时尚触觉的嫁衣引领了童话般的风格。

20世纪80年代,在戴安娜王妃与查尔斯王子的婚礼中,戴安娜王妃身着的象牙色真丝塔夫绸拖地长裙婚纱是由设计师伊曼纽尔夫妇设计。大号泡泡袖,饰有荷叶边的"V"领,皇室婚礼历史上最长的、近8米的、波浪般起伏的裙摆,上面还用手工刺绣着一万颗珍珠和珍珠母亮片,这件标志着公主风格的新娘造型回归的婚纱,影响了一个时代的服装潮流,也代表爱德华和维多利亚时代的传统回到了婚礼服饰中。(图4-10)

图 4-9

图 4-10

20世纪90年代后，婚纱的样式变化更多地跟时尚潮流结合起来，尤其是在现代，因为文化的融合，民族的融合，国际化的互相融合，时尚也开始个性化，婚纱也不再只限制为一种造型样式，而面料再造、纹样重组、装饰工艺的多极化，使婚纱礼服的设计进入了一个多元化的设计时代。（图4-11）

图4-11

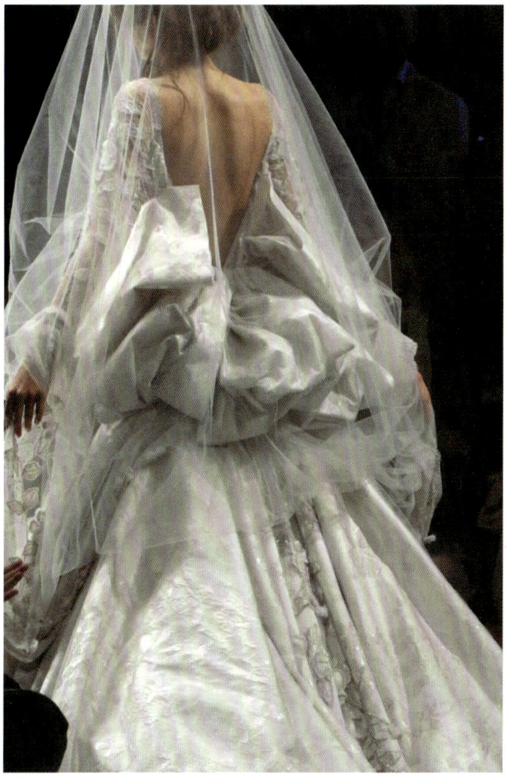
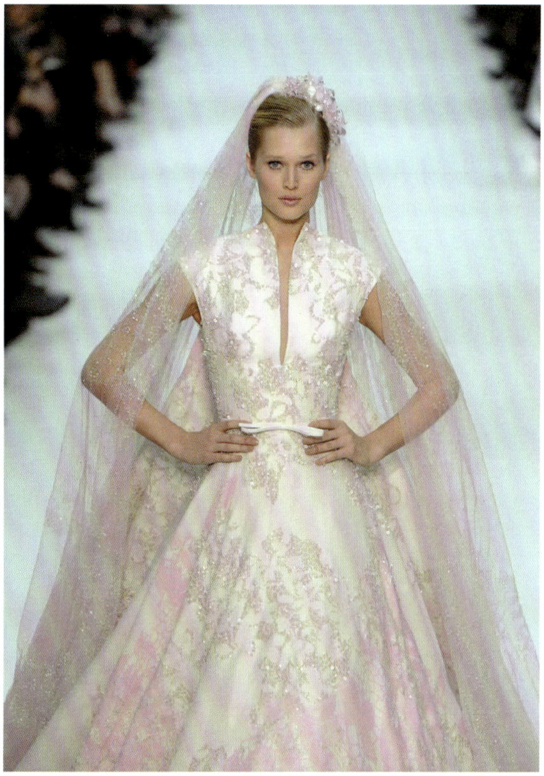
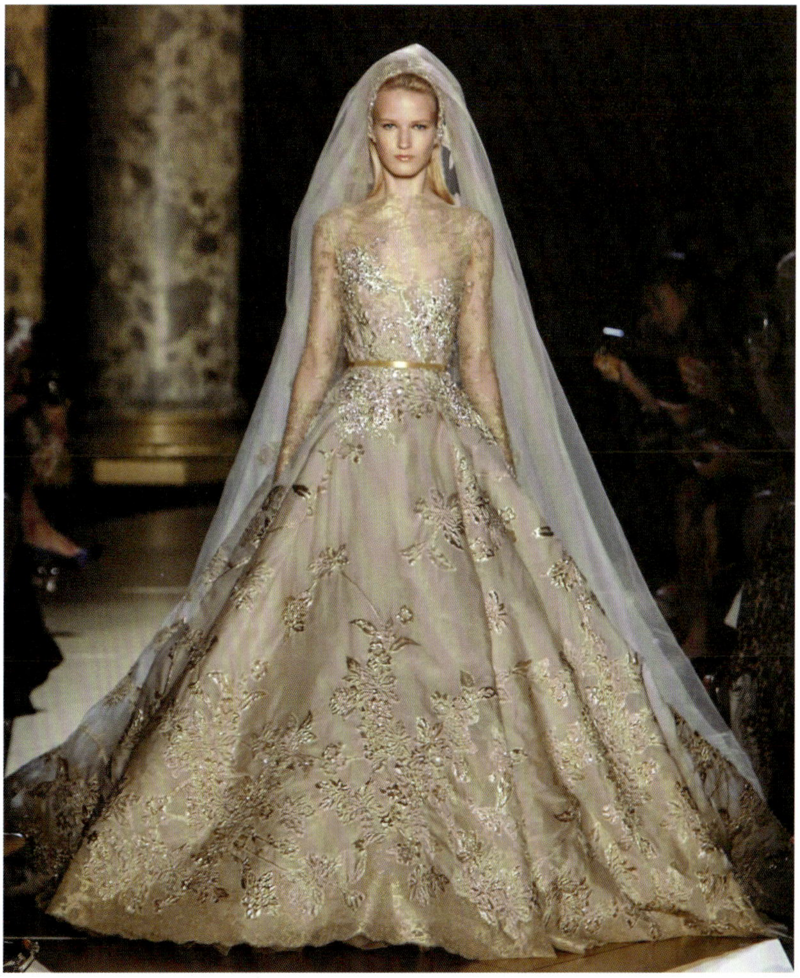

图 4-12

图 4-13

婚纱由来小故事

16世纪欧洲的爱尔兰皇室酷爱打猎，在一个盛夏午后，皇室贵族们带着猎枪，骑着马，带着成群的猎兔犬在爱尔兰北部的小镇打猎，巧遇在河边洗衣的萝丝小姐，当时的理查伯爵顿时被萝丝小姐的纯情和优雅气质深深吸引，同时萝丝小姐也对英俊挺拔的理查伯爵心生爱慕之意。狩猎返回宫廷的伯爵彻夜难眠，并在当时封建社会所不能接受的情况下，鼓起勇气对出生于农村的萝丝提出求婚迎娶，皇室对此一片哗然，并以坚决捍卫皇室血统而反对。

为了让伯爵死心，皇室提出了一个当时几乎不可能实现的要求，他们希望萝丝小姐能在一夜之间缝制一件白色圣袍（当时没有穿白纱嫁娶的习俗），而要求是长度从爱尔兰皇室专署教堂的证婚台前至教堂大门。

要求提出，理查伯爵心想心仪的婚事几乎已成幻灭……但萝丝小姐却不以为然，她居然和整个小镇的居民彻夜未眠，共同合作，在天亮前缝出了一件精致且设计线条极为简约又不失皇家华丽气息的16米白色圣袍，当这件白色圣袍于次日送至爱尔兰皇室时，皇家成员无不深受感动，在爱尔兰国王及皇后的允诺下，他们完成了童话般的神圣婚礼……

世界上第一件婚纱

前文提到，1840年，英国的维多利亚女王结婚时穿上了一袭由漂亮的中国锦缎制作而成的白色礼服，拖尾长达5米多，并配上白色头纱，从头到脚的纯白色惊艳了全场。而在维多利亚女王大婚之前，英国皇室成员的结婚礼服均是头戴宝石皇冠，配上镶满珠宝银饰的晚礼服，外披一件毛皮大衣的传统装扮。她的这一惊人之举，在令人惊艳之余，更迅速成为一大风尚广泛流传，西方婚礼上新娘身穿白色结婚礼服也逐渐成了流传至今的传统习俗。白色婚纱代表内心的纯洁和孩童般的天真无邪，后来逐渐演变为童贞的象征（图4-12、图4-13）。

三 婚纱款式特点的变化

婚纱在最初期的设计并不复杂，一般是当时流行服装款式的翻版。丝绸和缎料是婚纱的主要面料。

接着婚纱的款式变成了长及足踝，前幅裙用直线剪裁，后幅则缀上另一幅拖地的裙摆，拖尾式婚纱开始发展。

再后来婚纱的式样变为上紧下宽，低领口被端庄的高领口所取代，面料多用锦缎，领、袖和裙摆多进行花型装饰。（图4-14）

到19世纪末，婚纱的款式层次性增强，造型比较夸张，而面料质地渐趋轻柔，双绉纱与塔夫绸应用比较广泛。（图4-15）

20世纪初期，婚纱的款式开始变短，同时还兼具舞裙的功能。

进入20世纪30年代，流行婚纱趋向紧身，比较注重流线型的设计。

至20世纪40年代，受战争影响，婚纱款式趋于简单的剪裁，细节上心形领口和长袖手套成了一种时尚。

20世纪60年代，短装化风格开始盛行，婚纱的款式也变得短而年轻化，以亚麻布和棉布为原料制作出的婚纱最受欢迎。（图4-16）

20世纪70年代的婚纱款式变化呈现两极化趋势，一种是怀旧情调，款式上又盛行长下摆、多褶，花边层峦叠嶂，极富装饰性，以柔软的肉色布料为主。另一种是前卫式婚纱，打破了传统婚纱的设计形式，款式上采用不对称，装饰手法会使用撕裂、绑结、抽缩等，呈现了婚纱的另一种美。

20世纪90年代，设计呈现国际化、多样化趋势，婚纱的造型设计也打破了传统的大转摆裙式设计，跟流行时装的结合加深。一般采用露肩、贴身、短款或者组合式，可以白天作为婚礼服晚上作为晚宴服使用，有一些婚纱白天作为婚礼服，去掉下摆又可以当小礼服或者平时穿着的连衣裙。

图4-14

图4-15

图4-16

四　婚礼服的设计分类

虽然以婚纱作为主流的结婚礼服出现的时间不是很长，但因为其呈现出的设计美感、造型、面料、装饰的多样化，以及其特殊的意义，也形成了多种多样的风格。

婚纱的分类有很多种，一般可以按照廓型及款式结构特点和风格特色等进行分类研究。这里主要讲述按照廓型特点进行分类的婚纱。

（一）"A"字公主裙式婚纱

与字母"A"字非常接近，上身合体下摆渐渐变宽，从腰节线到裙摆呈喇叭形展开。雅致的"A"字裙在婚纱设计当中是比较常用的款型之一。这是一种比较古典的婚纱款式。（图4-17、图4-18）

公主线型婚纱为无腰节分割线型。公主线在腰部和胸部都隐藏省道，因而突出胸部，强调腰部的纤细。下摆呈喇叭式张开，整体结构合身贴体，有很强的立体感，可显示新娘的曲线魅力。公主线型应归功于沃斯，1837年，他为威尔斯的公主Alexandra设计了一件没有腰线的裙袍，从此得名"公主线"。

"A"字公主裙式婚纱可以细分为两种形式，一种是用垂直利落的线条进行剪裁，上身合体，下摆渐宽的比较古典简洁的婚纱样式，能让新娘看起来既华丽大气又活泼可爱，可以是短款也可以是长款，这种样式的婚纱适合多种体形的新娘。另一种上身多为紧身，与下身夸张蓬松的裙子形成强烈的对比，塑造出纤细的腰部，呈现出时尚高贵的气质，裙摆大而蓬松，其中用衬裙或裙撑

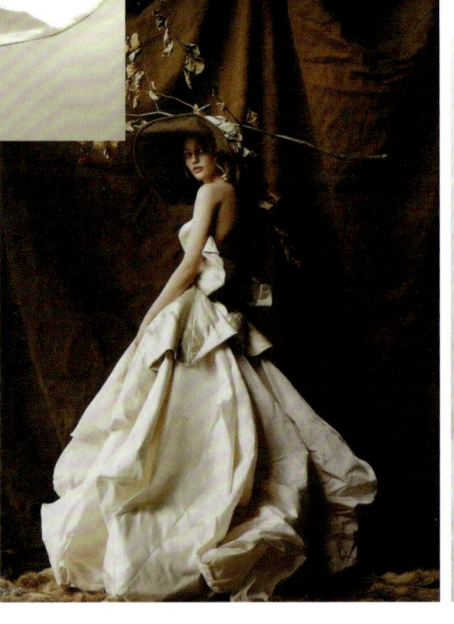

图4-17　"A"字公主裙式婚纱

图 4-18 "A"字公主裙式婚纱

099

图 4-19 蓬裙式婚纱

撑开。它能强调新娘细腰的优点,又能掩盖新娘的缺点,一般称其为蓬裙式婚纱,这种样式的婚纱适合上身线条漂亮或需要拉长腰部比例的女性。(图 4-19)

(二)贴身式婚纱

这是一种最能凸显体态美而且最具现代感的裁剪式样的婚纱。一般依身体曲线贴身剪裁,不用衬裙,款式非常简洁。材料上大多用具有极好下垂感的面料制成,所以多选择富有垂感的丝质乔其纱、绉绸等。多采用窄摆设计,或者在小腿处加入鱼尾摆设计。这种样式的婚纱适合身材曲线比较好的女性,或者是喜欢简洁大方婚纱款式的女性。(图 4-20)

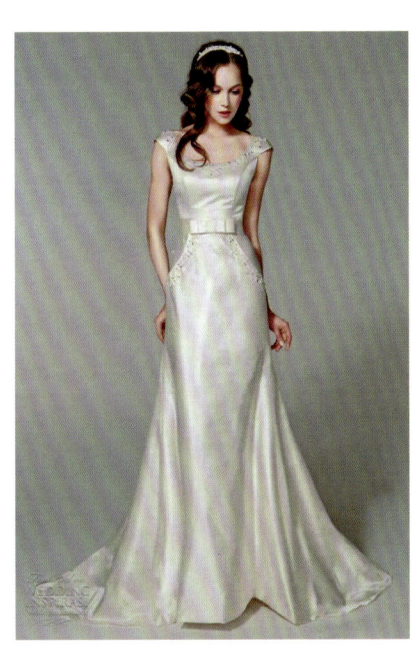

图 4-20 贴身式婚纱

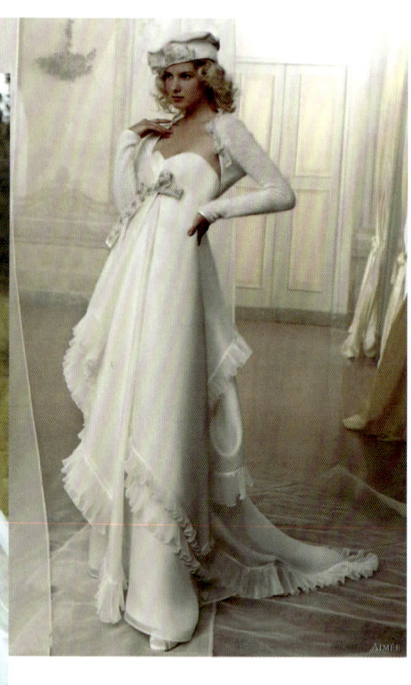

(三）皇室高腰式婚纱

此款婚纱最鲜明的特征是高腰线。胸部合身紧贴，腰线提高到胸部下面，裙摆呈"A"字形，充分展现肩和胸部的线条，对腰腹和臀部也有很好的掩饰效果。这种样式可以追溯到18世纪早期新古典风格，这也是第一帝国时期约瑟芬皇后喜欢的较典型的样式，所以又称王后型，这种样式的婚纱适合需要缩短腰部比例的女性，以及下半身比较丰满的女性，或是孕期中的女性。（图4-21）

(四)鱼尾式婚纱

裙宽与肩宽等同，依身体曲线裁剪，它的外轮廓接近于人身体的外轮廓，即使人体被完全覆盖，也能显露人体体形。因为贴紧人体，不用衬裙，裙摆下端可以随意设计成美人鱼式。这种样式的婚纱易凸显女性的优雅曲线，设计师恰到好处的裁剪，可以将新娘的修长体形显露无遗，使纤细的腰肢与撑起的胯部形成对比。适合身材比例比较好的女性。（图4-22）

图4-21 高腰式婚纱

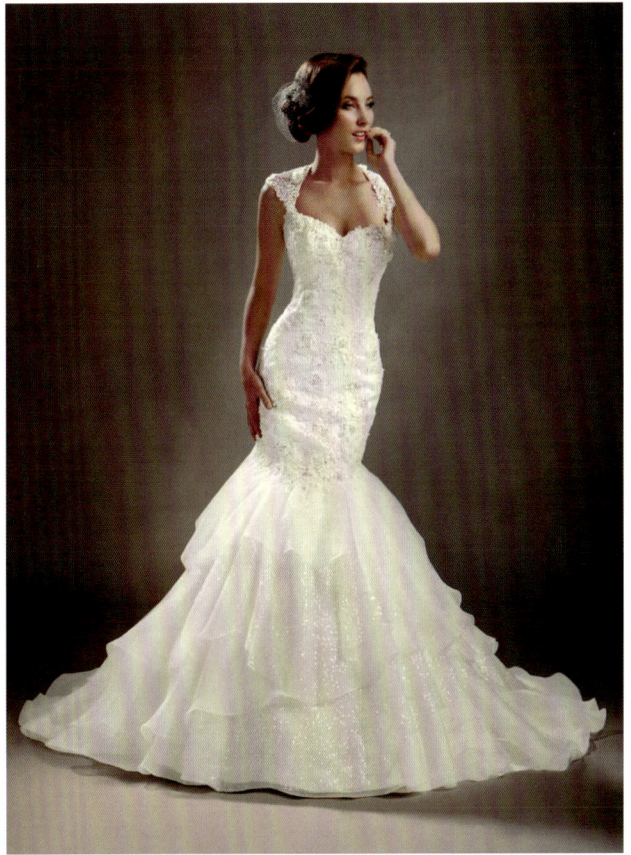

图 4-22 鱼尾式婚纱

(五)加大型婚纱

这种样式的婚纱一般有两种形式，一种是下身裙型的扩大，比较适合广告片拍摄、展示会、发布会或影视剧拍摄等场合应用。一种是裙摆的拖长，婚纱的后面有一段是拖在地面上的，我们称其为拖尾婚纱。在拖尾婚纱中，40厘米以内的是小托尾，40~80厘米的是中拖尾，80厘米以上的是大拖尾（以上指衣服由地开始的长度）。（图4-23）

图4-23 加大型婚纱

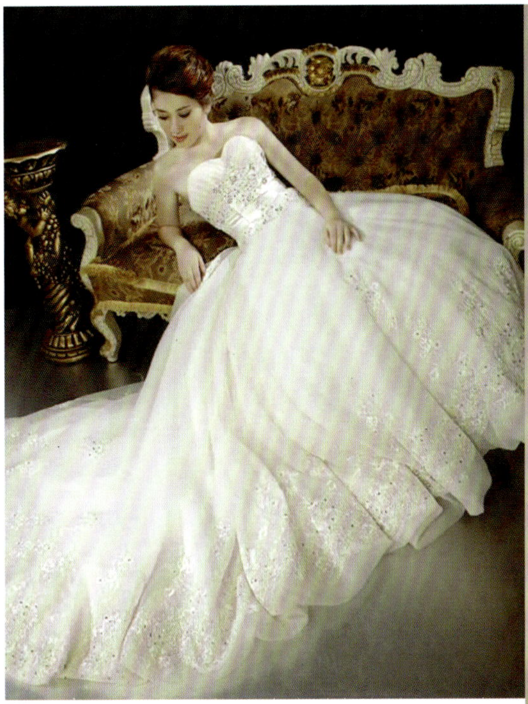

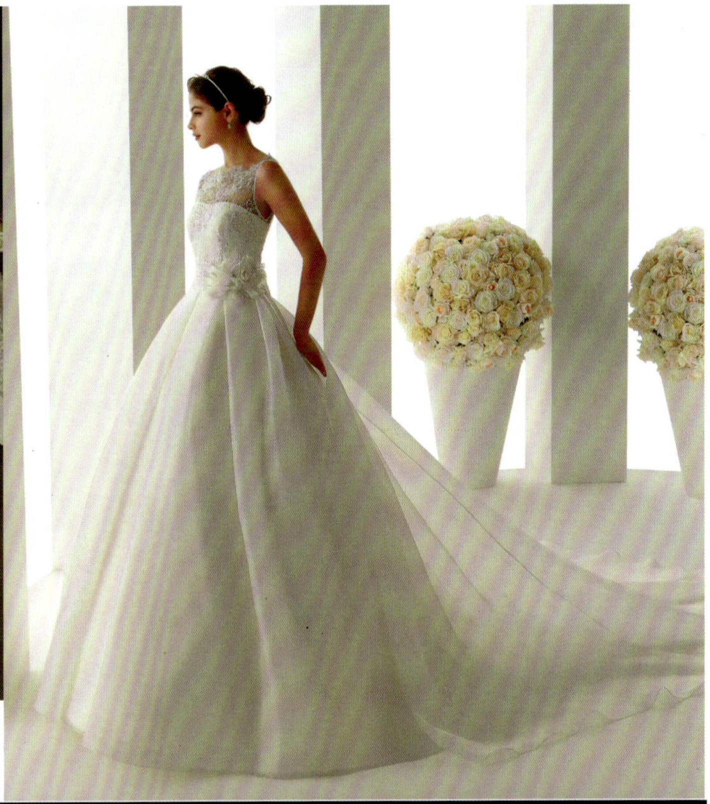

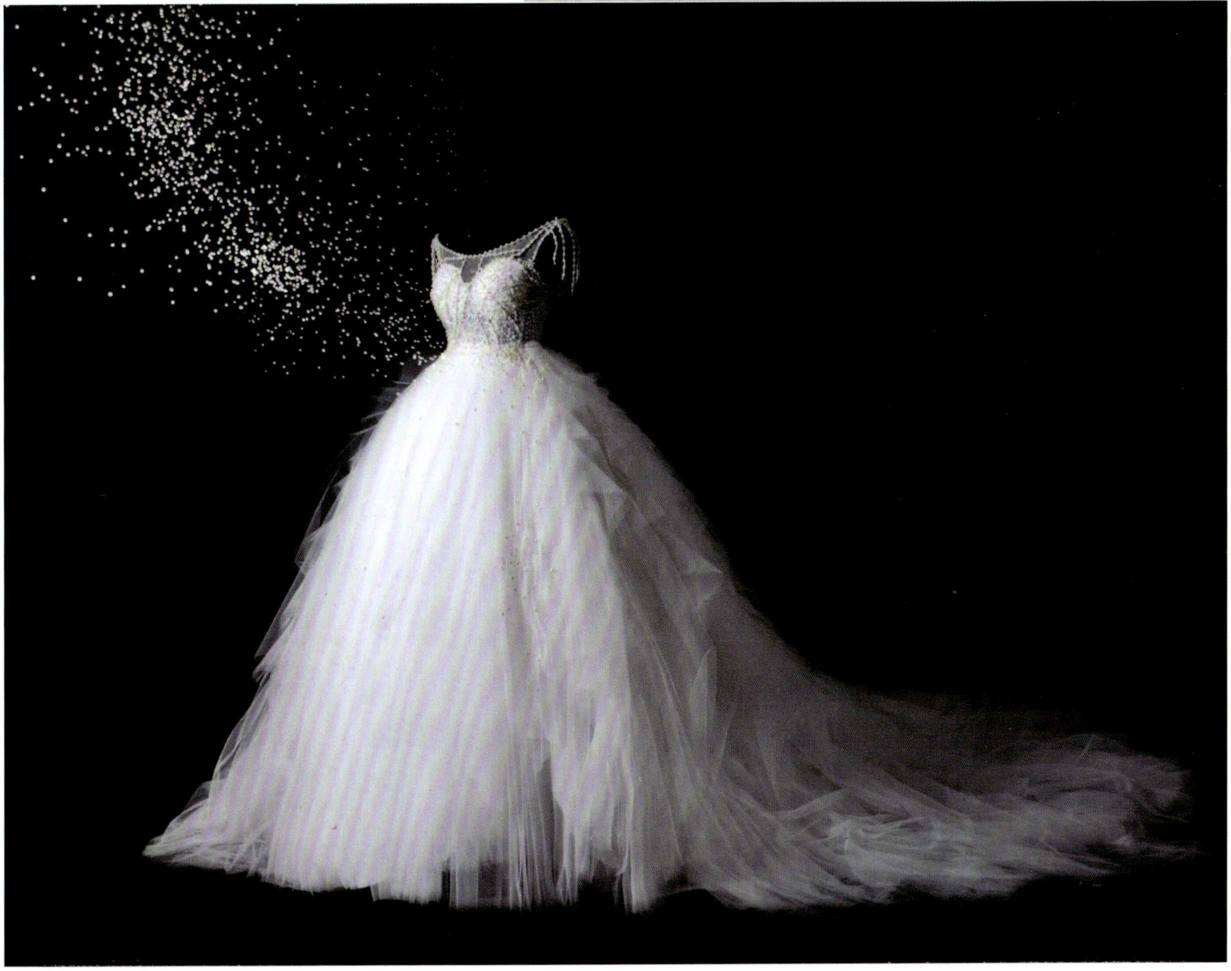

高等院校服装专业教程

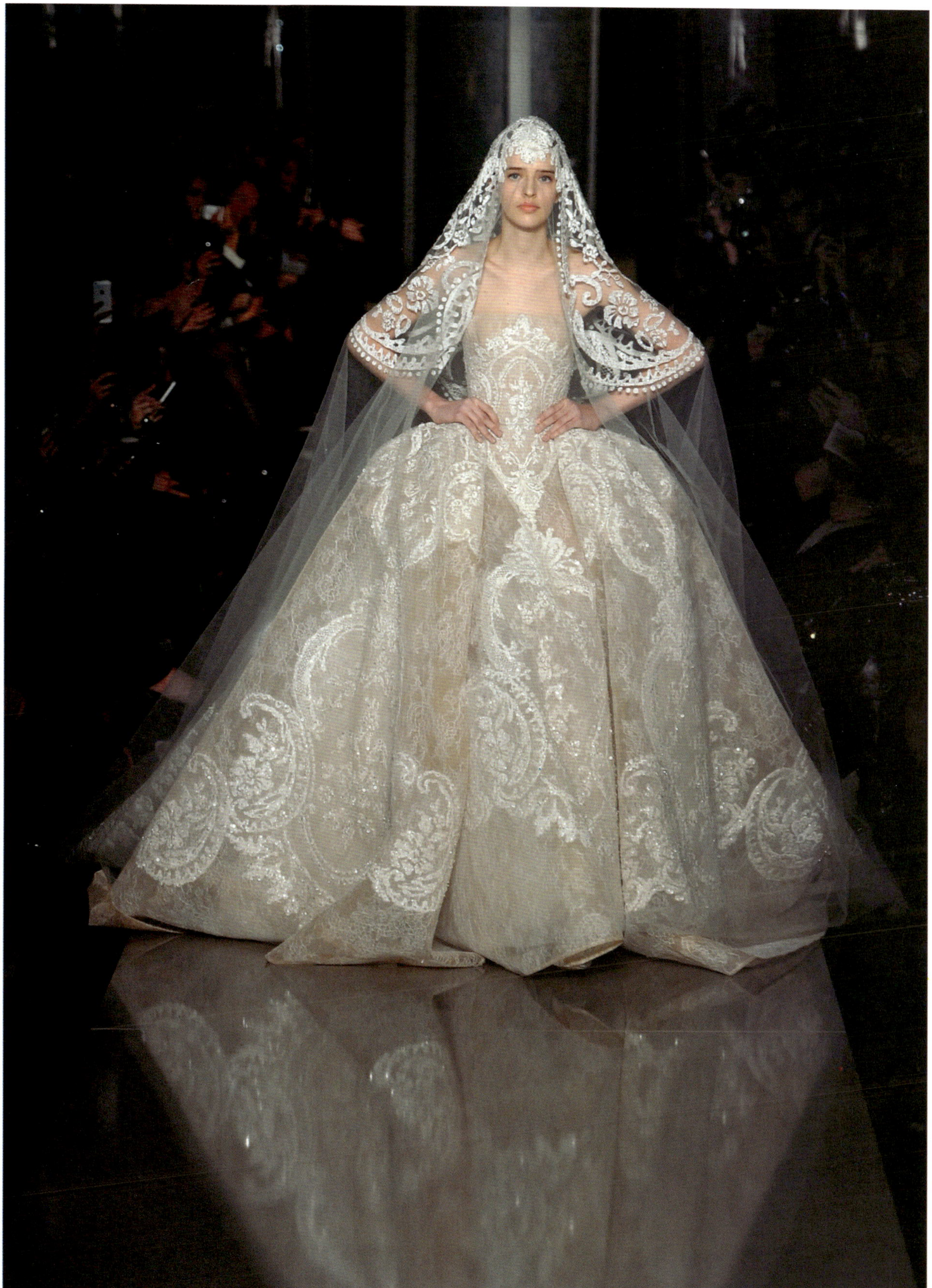

高等院校服装专业教程

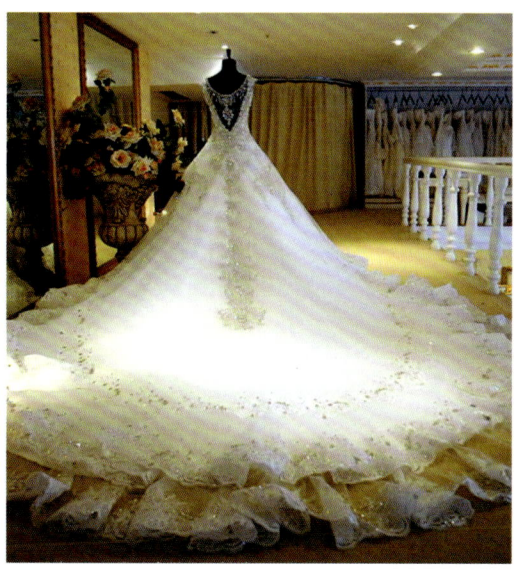

思考与练习

    1. 掌握婚纱礼服发展的历史,并做一份婚纱礼服行业现状报告。

    2. 详细了解婚纱的分类知识,并寻找 50 张婚纱图片进行分类识别。

    3. 从上述分类的图片中选取最感兴趣的 10 张,绘制成线稿。

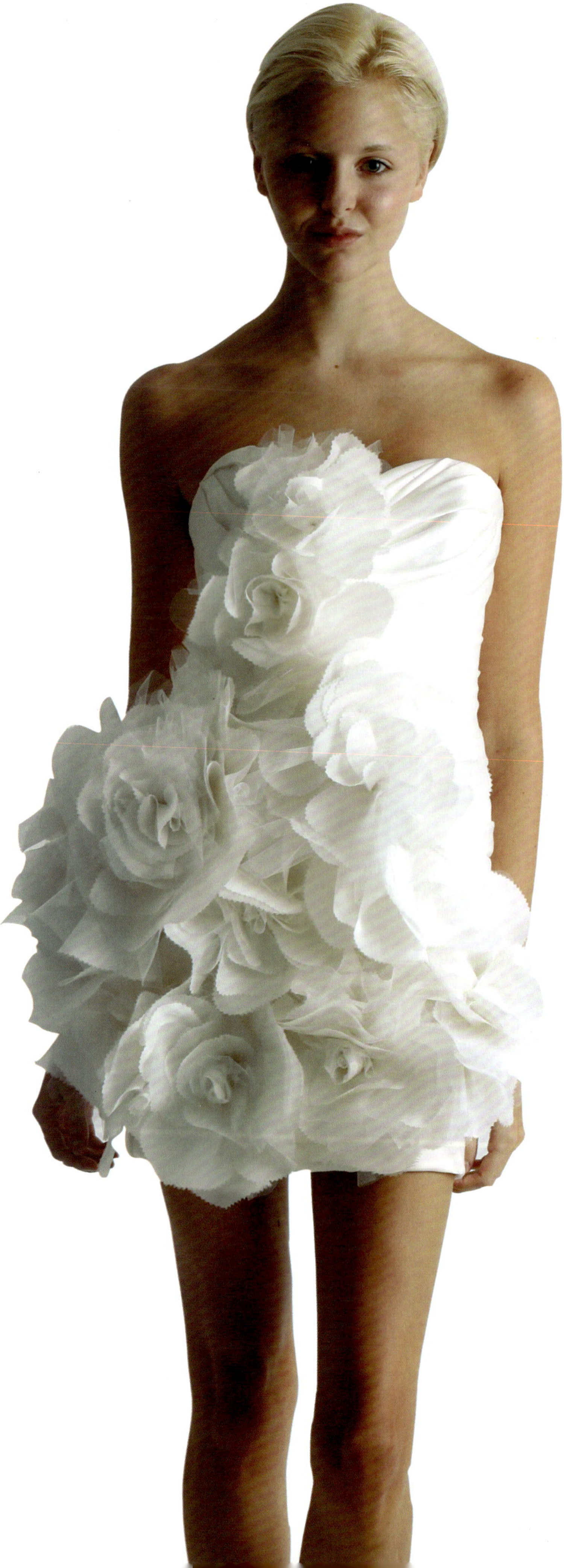

高等院校服装专业教程
婚纱礼服设计

第五章 婚纱设计拓展

导读

婚纱，它让你看到技艺的精髓，它耗费手工坊师傅无限的耐性与时间，它难以重复使用却从不会过时……它像爱一样美丽、一样珍贵、一样永恒。

婚纱设计师别出心裁的艺术灵感让婚纱成为一件艺术品。

打开婚礼服设计的世界，走进婚礼服设计的殿堂。（图5-1）

图5-1

113

一　如何开展婚礼服设计

婚纱作为婚礼服的一种,在设计上的独特美感和其代表的意义吸引了一大群人为之倾迷。随着社会的发展,更多人希望拥有一件自己的婚纱,这也促使了一大批婚纱设计师的出现。

婚纱设计涉及的面很广,要做好一款好的婚纱,就要对这款婚纱相关的设计资料进行深入剖析,这样才能做出更具美感的婚纱。一开始接触婚纱设计时,可以从以下四个方面进行尝试。

(一) 从传统到现代的区分

了解传统式与现代式婚纱的不同特点,包括其使用的廓型、材料、装饰工艺等。传统式婚纱一般使穿着者有一种端庄优雅的感觉,造型上多使用"A"形、合体型;色彩以白色为主,辅助其他浅色;材料多使用绸、缎、纱类;多采用蕾丝花边、丝带、蝴蝶结、刺绣、钉珠等手法进行装饰。(图5-2)

图5-2

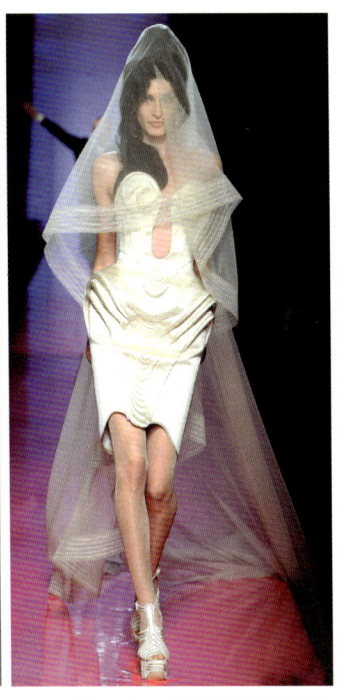

图 5-3　前卫式婚纱设计

而现代式婚纱受限不多,所以在设计上可以放手进行。尤其近几年的婚纱设计,多以表达设计师的理念、品牌主题概念、市场流行导向、流行趋势引导等方面为主,所以出现了很多创意式婚纱。(图 5-3)

(二)充分展开你的想象力

无论做什么设计,都要有足够的想象力,尤其是做婚纱礼服设计。因为婚纱是很多人一生最重要、最隆重的场合的礼服,所以更要充分展开自己的想象力,以做出具有与众不同的美感或者有意义的婚纱。只有充分发挥自己的想象力,在婚纱设计上才更能随心所欲,总结一句话就是"想象到哪里,设计就到哪里"。(图 5-4)

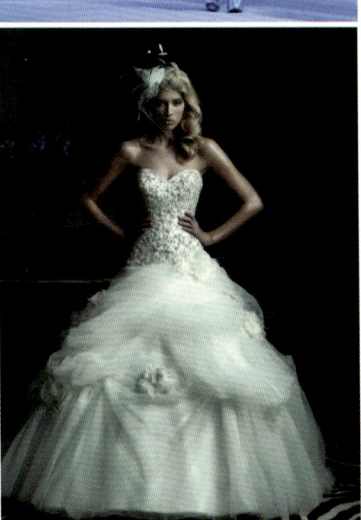

图 5-4　使用立体花朵与苏绣设计的婚纱

115

图5-5 注重裙摆廓型设计的婚纱　　图5-6 婚纱里夸张的造型效果　　图5-7 不对称式立体造型的婚纱

图5-8 与时尚趋势结合的婚纱

(三)婚纱礼服的廓型之美

廓型是婚纱设计的基础,了解廓型与款式结构,才能更好地设计婚纱,为人服务。(图5-5~图5-7)

(四)流行脉搏的把握

现在的婚纱礼服与时尚方面的结合更多,服装的流行直接影响了婚纱款式造型的变化,把握好流行脉搏,可以使我们的婚纱更贴近大众,真正让大众消费者了解婚纱是跟我们平时的流行相关的。(图5-8)

图 5-9　简约式廓型的婚纱　　　　　　图 5-10　传统婚纱的紧身式"A"形设计

二　从何处进行婚纱设计

婚纱礼服设计与其他服装的设计稍有不同,其造型比较有特色,材料与装饰手法也较多,尤其是当下的婚纱礼服设计,不再有任何材料和色彩的限制。很多人总觉得在进行婚纱礼服设计时,其设计稿不能很好地表达自己的理念。其实设计是相通的,进行婚纱礼服设计也是从造型、色彩、材料、装饰、主题等方面进行的。

(一) 从造型方面开展设计

婚纱的廓型较多,"A"形造型的婚纱适宜的人群最广,这也是婚纱设计上一种比较好掌握的外形,多在胸部、摆部进行重点设计。传统婚纱的紧身式"A"形设计,注重领和上衣身的设计,细节设计的精致、华丽、复古、缠绕等装饰手法和风格不受限制,腰型的设计要求流畅,下裙的设计可不做装饰。流畅的线条能够减弱"A"形带来的厚重感,适合于简约大方的风格。(图 5-9、图 5-10)

浪漫唯美的"A"形婚纱设计,面料多采用轻柔蓬松、有一定透明度的纱,以产生透气朦胧感,装饰可采用小

图 5-11　浪漫唯美"A"形婚纱设计

花型点缀装饰，或者团花的造型装饰，这种花型的装饰比大花图案装饰要温柔且亲近可人。花型的分布多以线状出现，也可用做整体造型，采用满天星的分布手法，同样属于梦幻感设计的婚纱。（图 5-11）

使用"H"形（合体型）设计出来的婚纱比较简约优雅，"H"形婚纱注重的是肩部、胸部、腰部、摆部的设计，曲线形设计可在视线上拉长人体比例，起到修饰体形的作用。（图 5-12）

"X"形强调女性身体曲线，主要注重的是胸部、腰部、摆部的设计，因常设计及地或拖地的款式，对下半身可以有很好的遮盖效果。

这几种都是婚纱的基础廓型，一般可以在设计上使用廓型的大小变化、长短变化、不对称变化等手法开展婚纱设计。例如进行公主型婚纱设计时，因其是层纱和蓬裙结构，所以针对娇小偏瘦的女性，可以选择高腰设计，使腿部的线条拉长。而针对胸部饱满的女性，可以选择深一些的领口或"V"形领，使颈部看起来更修长。如进行创意婚纱造型设计，因着重体现的是自己的造型概念，所以不要在设计时对廓型加以限制，可以自由发挥。

图 5-12　"H"形婚纱

图 5-13　以羽毛形成的图案肌理让整个婚纱更加梦幻唯美

图 5-14　婚纱层次处理——面料多次重叠处理形成夸张裙摆效果的婚纱

图 5-15　面料多层次折叠形成夸张裙摆效果的婚纱

(二)从材料元素方面开展设计

制作婚纱的面料主要有厚缎、亮缎、蕾丝、水晶纱、欧根纱、网格纱等。同种面料又有进口及国产之别,进口又有欧美及日韩两种等级。若是使用进口厚面料做设计,因面料具有厚重感,造型上可以简约化,以此来体现面料特点,过于复杂的制作工艺和装饰往往会画蛇添足,掩盖其设计亮点。对于薄的材料,要注意发挥其或飘逸或薄透的特点,例如用纱设计婚纱,要注意层次,因为层数太少,将会使婚纱看上去不够挺实、蓬松,无法体现纱质面料轻盈、浪漫、唯美的感觉。(图 5-13~图 5-16)

图 5-16　流行面料在婚纱中的设计应用

119

图 5-17 精妙的全镂空式装饰设计，使婚纱显得优雅精致

图 5-18 结合图案强调了身体曲线的婚纱设计

图 5-19 利用面料压褶展现婚纱繁复浪漫效果的婚纱设计

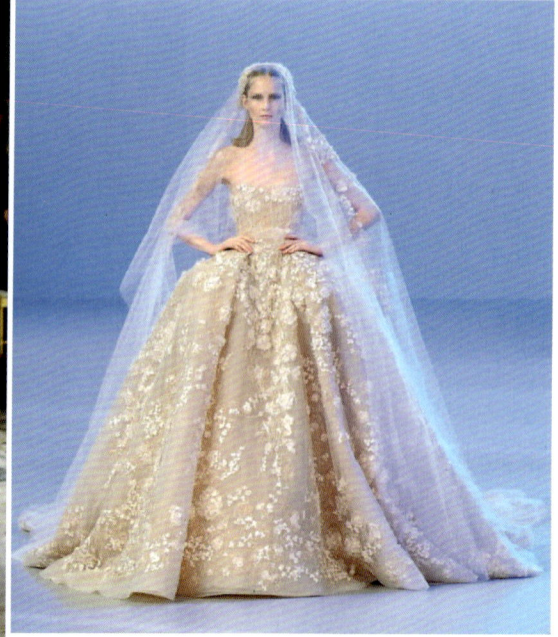

图 5-20 精致唯美的刺绣工艺在婚纱设计中的运用

（三）从装饰元素上开展设计

婚纱设计上主要还是采用刺绣、机绣、贴绣、手工饰花、钉珠、镶嵌、手绘、压褶、抽褶、镂花、竖折、荷叶边、蕾丝、蝴蝶结、缎带、丝穗、人造宝石、羽毛等进行装饰，除此之外还可以结合图案和其他装饰工艺手法进行婚纱设计，例如图案印染、镂空、编结、缩缝、不同质料拼接等手法，会使设计出的婚纱更加时尚和精美。（图5-17~图5-23）

图 5-21　此款婚纱使用了镂花的工艺与图案结合，婚纱的层次更加鲜明，繁复的镂花增加了其华丽的美感

图 5-22　整体荷叶边运用的婚纱设计

图 5-23　此款婚纱虽然款式简单，但是面料做了立体式花型处理，使得此款婚纱浪漫唯美

121

(四)从色彩上开展设计

白色虽然是婚纱的主调色,但是其他色也开始占据婚纱市场,彩色婚纱已经在盛行。从色彩上开展设计,可以进行单色婚纱设计,主要体现其面料质感或造型特色,也可以进行间色或撞色婚纱设计,彩色的添加要根据服装的风格来确定。利用有色面料与白色面料相结合进行设计,整体的造型可采用不对称设计手法。有色婚纱设计可采用简洁的设计形式也可采用复杂的设计形式,其设计手法多种多样。(图5-24~图5-30)

图5-24 利用印花做精妙无比的颜色配比的婚纱

图5-25 婚纱的年轻化趋势——鲜丽的色系

图5-26 婚纱的年轻化趋势——轻盈的粉色系

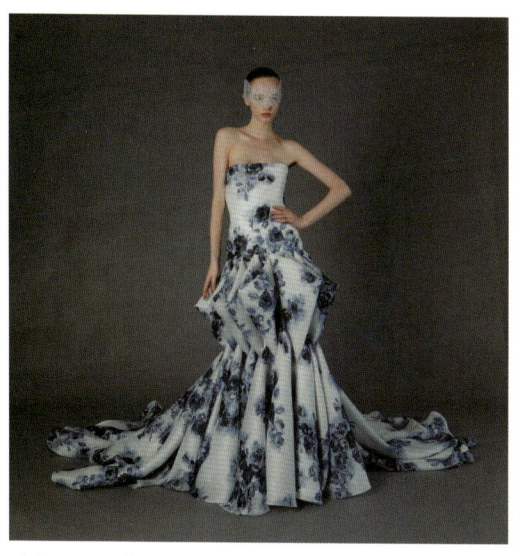

图 5-27　干净大气的颜色配比　图 5-28　抹胸式的印花婚纱，蓝色更是典雅高贵的象征

图 5-30　精妙的颜色渐变与印花

图 5-29　中国红的西洋范

123

图 5-31 婚纱女王王薇薇 (Vera Wang) 品牌的"婚纱美梦"系列将中国传统的红色融入了更多的西洋元素，整个系列多为正红、枣红色礼服，通过绉纱的层叠带出设计感，展现了中西方元素的完美结合

(五) 从主题概念上开展设计

这里所说的主题概念主要是从风格、理念、情境方面进行婚纱设计。例如开展浪漫风格的婚纱设计，可以在设计上多采用镂空的蕾丝花边、缀有小碎花的透明褶皱、多层次的宽松裙摆、曳长的头纱来营造浪漫风格婚纱的情境。再如参加婚纱设计大赛时，可以从理念和情境进行设计，先找到一个主题或者在脑海里想象一种情境，尽可能多的使用各种设计元素以达到所设想的情境或理念效果。(图 5-31~图 5-35)

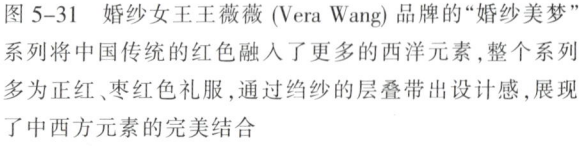

图 5-32 由风格展开的设计——复古优雅风格婚纱

124

图 5-33　由主题展开的设计——怀旧情怀的婚纱

图 5-34　由风格展开的设计——复古优雅风格婚纱

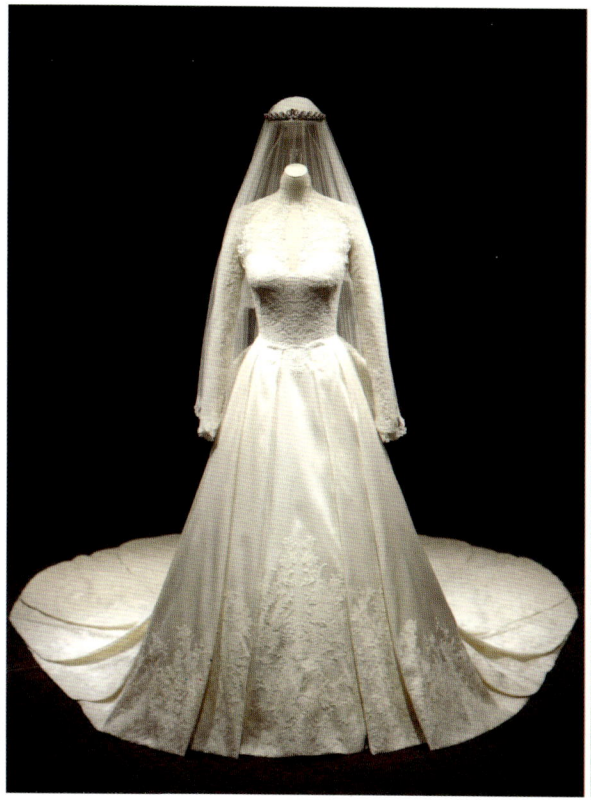

图 5-35　由主题展开的设计——梦幻式的婚纱

三 婚纱礼服的细节设计

(一)婚纱的细节设计

婚纱领口设计是婚纱的一大热点,设计师们纷纷以性感的剪裁以及充满装饰趣味的领口细节令婚纱绽放光彩。婚纱领口设计也是一件婚纱成败的关键因素。

1.婚纱领口设计

① "V"领婚纱

"V"领婚纱的领部从肩深切至胸部,能提高胸线,并使胸部更为集中,性感之中独具时尚魅力。设计时对此领线做不同曲折变化设计或者交叠设计,会达到多样的设计效果。"V"领婚纱适合胸部较丰满的女性,但不适合过度丰满的,因为这样会显得上身臃肿,也不适合太过纤细的女性,衣服不够贴身会影响视觉效果。(图5-36)

②一字肩领婚纱

一字肩领婚纱领圈沿着锁骨至两肩,裸露较少。设计时可对此领做斜度设计与层次设计,配合直身型的婚纱会增加其视觉感,适合保守风格的新娘。不适合太过丰满的女性,因为会使胸部看起来很突兀。(图5-37)

图5-36 "V"领婚纱

图5-37 一字肩领婚纱

③抹胸式婚纱

抹胸式婚纱是婚纱比较常见的一种款式,由于抹胸的款式总给人隆重、高贵的感觉,也是很多新娘的首选。抹胸式设计时可与"V"领或是直线领搭配,另外也可以使用细吊带。肩形优美、锁骨突出的女性非常适合抹胸式婚纱,不适合胸部不够丰满的女性。(图 5-38)

④细肩带式婚纱

细肩带式婚纱使宽肩新娘看起来纤细柔美,搭配轻盈的裙摆会令婚纱倍添灵动魅力。可在肩带上做不同样式的细节设计,夸张而不乏高雅的肩带细节装饰设计是细肩带式婚纱成功的关键。(图 5-39)

⑤卡肩式婚纱

卡肩式婚纱是大多数女性适合的款式,领圈落在肩部下,可以显露出漂亮锁骨和颀长的脖颈,比较高贵优雅,但不适合上臂粗壮、肩部过宽、背肌较厚的女性。(图 5-40)

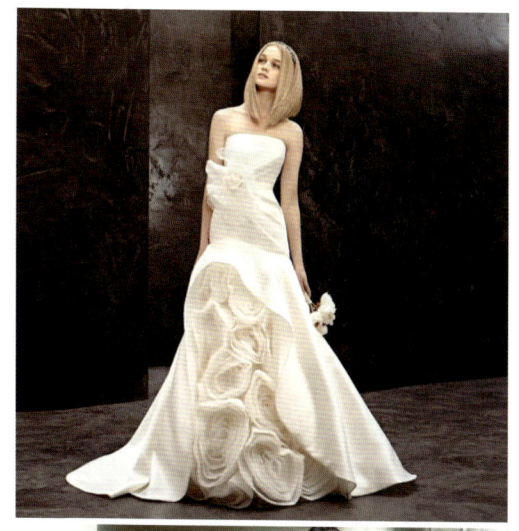

图 5-38 抹胸式婚纱

图 5-39 双肩细肩带式婚纱

图 5-40 卡肩式婚纱

图 5-41　单肩式婚纱

⑥单肩式婚纱

单肩式婚纱采用不对称肩带设计，主要是达到强调的视线作用。所以单肩设计时一方面可以极度简约，只在其他部位做设计，另一方面可以增加单肩的设计效果，例如叠加、褶皱、立体花处理等，来强调其不对称带来的美感。（图 5-41）

2. 婚纱的裙摆设计

①蓬裙式裙摆

蓬裙是婚纱裙摆中最常见的款式，通常要搭配各种裙撑，才会蓬出不同效果。（图 5-42）

图 5-42　婚纱蓬裙式裙摆设计

128

②鱼尾式裙摆

鱼尾式裙摆恰到好处的裁剪，可以将新娘的修长体形显露无遗，使纤细的腰肢与撑起的胯部形成对比，凸显女性的优雅气质。（图5-43）

③拖尾式裙摆

拖尾式裙摆是指婚纱的裙摆有一段是拖在地上的，适合教堂等较传统的场所，看起来更正式、更神圣。（图5-44）

④直筒式裙摆

直筒式裙摆外观呈"H"形，风格简单大方、朴素自然，而又不失端庄，同样是比较大众化的款式。（图5-45）

⑤短款式裙摆

短款式裙摆一般指裙摆在膝盖以上的婚纱，它颠覆了传统的长裙式婚纱，比较另类、个性和时尚。（图5-46）

图5-43　不同的鱼尾裙摆设计

图5-44　婚纱拖尾式裙摆设计

图5-45　婚纱直筒式裙摆设计

图5-46　婚纱短款式裙摆设计

图 5-47　婚纱拖尾式设计　　　图 5-48　婚纱及踝修身式设计

图 5-49　婚纱及踝芭蕾裙式设计

3.婚纱的裙长设计

对于婚纱设计来说，最有特色的地方往往就是婚纱的裙摆部分，华丽别致的婚纱裙摆更能烘托出新娘的气质。

①拖尾式

拖尾式裙长及地是很正式的裙款，可以带不同大小的拖尾，中拖尾和大拖尾是教堂婚礼的首选，华丽又庄重但行走不太方便，若是大拖尾，还需请花童。（图5-47）

②及踝修身式

及踝修身式裙长至脚踝处，裙摆不着地，窄直的贴身裙或小摆的"A"字裙，因为会露出足部，所以对婚鞋的要求比较高。（图5-48）

③及踝芭蕾裙式

及踝芭蕾裙式裙长至脚踝处，裙摆不着地，裙摆是舞会礼服式的大蓬裙，如同芭蕾舞者，轻盈而优雅，材质可以是缎面或纱质，蓬纱裙更适合展现女生可爱的一面，方便行走，特别适合举行户外婚礼时穿着。（图5-49）

④及膝式

及膝式裙长刚好盖过膝部，更为轻便，也同样适合聚会式婚礼。（图5-50）

⑤迷你短裙式

迷你短裙式裙长在膝盖之上，可以是超短窄身裙或蓬裙，适合腿部纤长的女性，也是时尚新娘的个性首选。（图5-51）

⑥高低裙摆式

高低裙摆式裙摆前高后低，露出足部，前片可至膝上，也可以是迷你短裙加拖尾后摆。（图5-52）

图 5-50　婚纱及膝式设计　　　图 5-51　婚纱迷你短裙式设计

图 5-52　婚纱高低裙摆式设计

四 婚纱设计作品欣赏

婚纱设计中元素的布局设计

此设计以绽放的形态表达穿着者一种幸福洋溢之感

古典与现代的碰撞

131

结合民族特色的婚纱设计

婚纱设计中图案装饰的运用

婚纱设计里的年轻化趋势：小蓬裙、前短后长的褶皱层次纱摆，女孩的俏皮和浪漫得以展现

中西式结合的婚纱，典型的中式元素与西式廓型的完美融合

受成衣趋势影响的婚纱设计

恋歌

该作品打破传统，利用衬衣的结构作为元素进行婚纱设计，给人一种新鲜的视觉感和强烈的冲击感

133

婚纱设计中重复式手法的组合运用

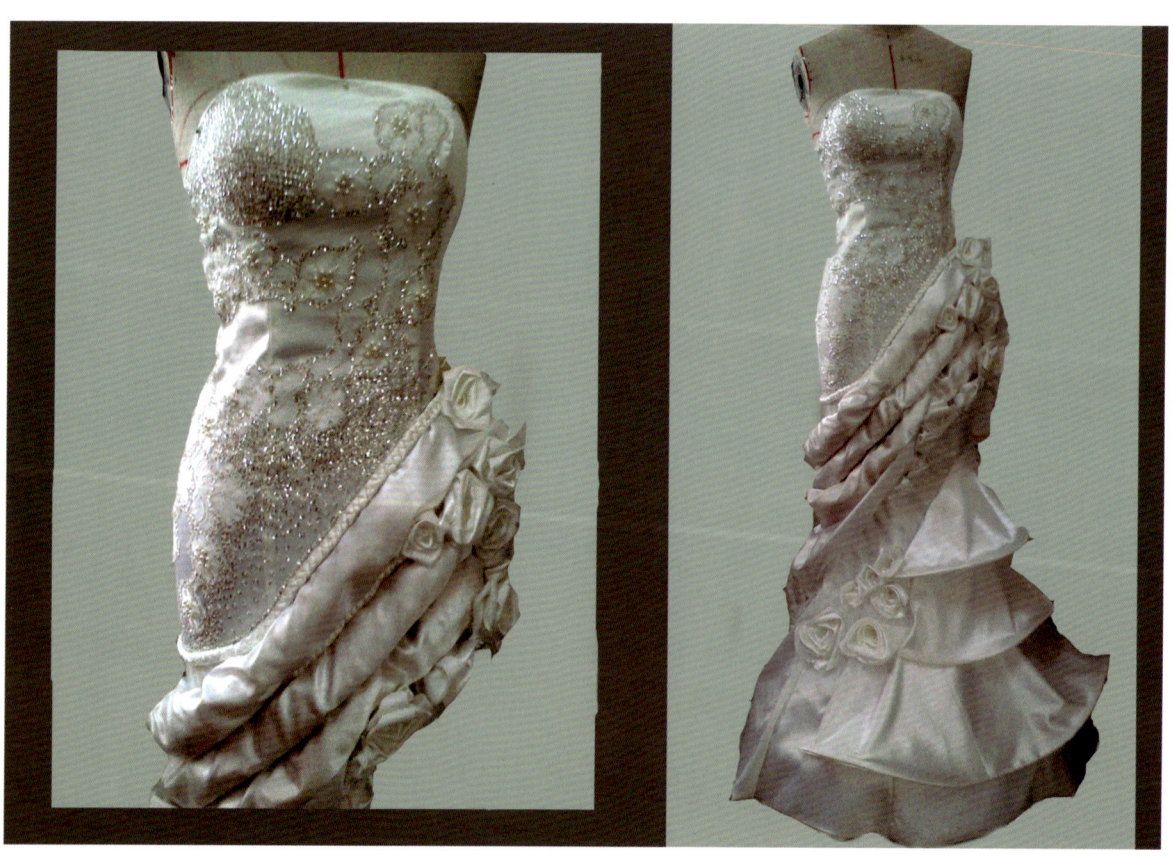

本款婚纱设计与制作（包括所有的钉珠及立体装饰）都系学生手工完成，胸部位置的钉珠处理是先设计出图案，利用浅色笔绘制出基本形状，然后进行立体钉珠。整体造型别致，层次突出，呈现出华丽典雅的风范

如雪如歌

思考与练习

1. 以"花嫁"为主题,设计一系列婚纱礼服。
2. 从传统文化中选取三种灵感元素,分别设计一款婚纱礼服。
3. 以"A"形为基本廓型,设计 10 款婚纱礼服。

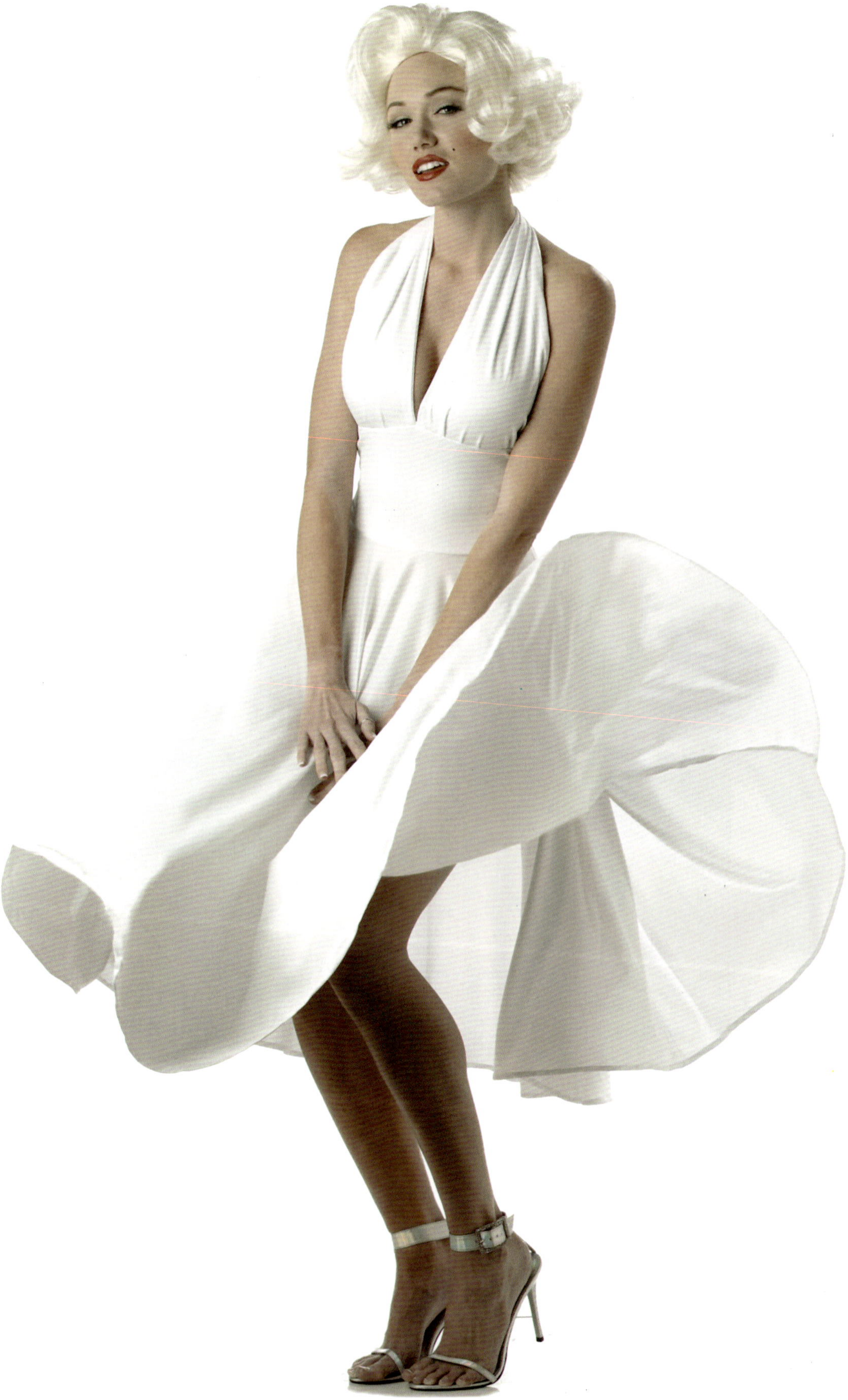

高等院校服装专业教程
婚纱礼服设计

第六章 婚纱礼服品牌介绍

导读

婚礼是每个人人生中最重大的事件之一。传统保守的婚礼服设计不易获得青睐,所以在保留经典之余,与时尚流行接轨,是当下婚礼服设计需注意的重点。越来越多的人认为定制一件独特非凡的婚纱,可以作为永久的纪念。人们在选择婚纱礼服的同时越来越注重品牌。品牌能够给拥有者带来溢价的无形资产,随着社会的进步,人们的品牌意识越来越强。下面以一些著名的婚纱品牌为例,介绍其设计理念及风格。

一 Christian Dior

Dior(迪奥),在法语中意味"上帝"与"金子"的组合,其淋漓尽致地表达了现代女性的追求——性感自信、激情活力、时尚魅惑!1946年创立于巴黎,迪奥女装是华丽优雅的典范,从好莱坞明星英格丽·褒曼、艾娃·加德纳到现今之妮可·基德曼和麦当娜,都是迪奥的追随者;从英国皇室玛格丽特公主新婚大典的婚纱,到温莎公爵夫人及戴安娜王妃出席重大宴会时穿的礼服,都是迪奥的工艺。

Christian Dior(克里斯汀·迪奥)一直是华丽女装的代名词。大"V"领的卡马莱晚礼裙,多层次兼可自由搭配的皮草等,均出自于天才设计大师迪奥之手,其优雅的窄长裙,从来都能使穿着者步履自如,体现了幽雅与实用的完美结合。迪奥品牌的革命性还体现在其致力于时尚的可理解性:选用高档的上乘面料如绸缎、传统大衣呢、精纺羊毛、塔夫绸、华丽的刺绣品等,而做工更以精细见长。

几十年来,迪奥品牌不断地为人们创造着"新的机会,新的爱情故事"。在战后巴黎重建世界时装中心的过程中,迪奥做出了不可磨灭的贡献!迪奥不仅使巴黎在第二次世界大战后恢复了时尚中心的地位,还一手栽培了两位知名的设计大师:皮尔·卡丹和伊夫·圣·洛朗。迪奥公司也由此新人辈出,正是在伊夫·圣·洛朗、马克·波翰、费雷以及约翰·加里亚诺等优秀设计师的相继努力下,时至今时,迪奥仍是人们信赖、追求的牌子,无论是服装、皮具还是化妆品、香水。

二 Jenny Packham

Jenny Packham(珍妮·帕克汉)是 1988 年在英国创立的服装品牌,产品系列以婚纱礼服、女装高级成衣、配饰为主。在 2010 年奥斯卡颁奖礼上,麦莉身着一袭香槟色露肩珍妮·帕克汉礼服,使这个英国的设计师品牌成为全球瞩目的婚纱礼服品牌。

珍妮·帕克汉出生于英国汉普郡,毕业于中央圣马丁学院。1988 年,珍妮·帕克汉发布了首个个人成衣系列,并幸运地获得了英国时尚媒体的极大反响。传统的精湛剪裁加上最时髦的印花,便是珍妮·帕克汉的招牌设计,看似简单,却每每给时尚界带来惊喜。

作为崛起于英国伦敦的设计师,2006 年与 2007 年,珍妮·帕克汉被连续评为"最具好莱坞风格的英国婚纱设计师";2008 年,珍妮·帕克汉被选为"英国年度最佳婚纱设计师";2010 年,珍妮·帕克汉品牌还获得"英国出口大奖"。

在好莱坞,珍妮·帕克汉礼服常被称为"红毯女王战衣",伊娃·朗格利亚、希拉里·斯万克、妮莉·费塔朵、伊丽莎白·赫莉、莎朗·斯通、老牌歌手莎丽·贝希、英国模特内尔·麦克安德鲁等都曾将珍妮·帕克汉的礼服穿上红毯。《欲望都市》和《007 皇家赌场》里也出现过珍妮·帕克汉的作品。从本质上来讲,珍妮·帕克汉的设计只是简单、纯粹地表现女性美,并不像目前很多知名设计师那样通过奇异惊人的戏剧效果来传递自己的艺术灵感或者生活哲学。然而,在创作手法上,珍妮·帕克汉却将很多民族元素和缤纷的材质加以融合提炼。

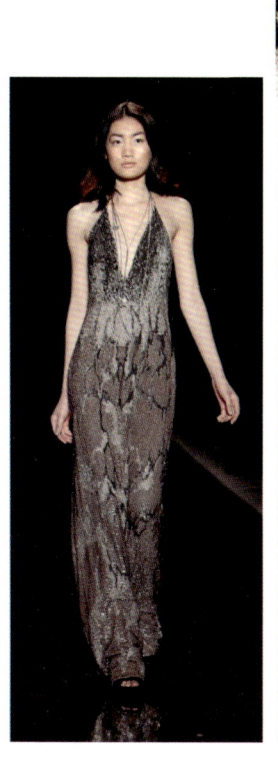

三 Brides

　　创立于1986年的台湾著名婚纱品牌Brides(布蕾丝)秉承了意大利顶级礼服的完美设计制作技术,它把传统和现代,时尚和高贵完美结合在一起。二十年的制作经验,和不断改进的制作工艺,使布蕾丝的品质一直领先亚洲婚纱领域,并享有极高的声誉。为了使婚纱具有个性与独特性,布蕾丝的设计师不仅细致入微而且创新独到。无论是典雅的西式婚礼还是热闹的中式喜宴,甚至对配合婚宴场地的特殊要求,设计师从创意到细节,都做得无可挑剔。

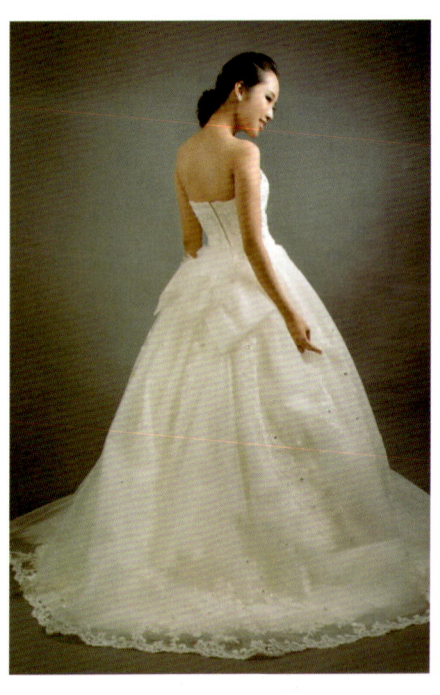

四 Marchesa

英国新兴品牌 Marchesa（玛切萨）是由两名年轻女设计师乔治娜·查普曼及凯伦·克雷格在 2004 年才创立的，玛切萨以昂贵的面料、精细的车工、特殊的剪裁火速上位，赢得欧美女星名媛的追捧。伴随玛切萨主线品牌的火速成功，2006 年，两位设计师又推出一个定位偏于休闲、价位也相对低一些的副线品牌"Marchesa notte"。玛切萨晚礼服裙高度注重细节，刺绣和拖曳的裙尾有东方的美感触觉，加上体现现代女性特点的元素，使玛切萨定制晚装别具一格。

五 Pronovias

　　Pronovias(普洛诺维斯)品牌以高贵、优雅闻名,深受英国女皇伊莉莎白二世、麦当娜等名人喜爱,普洛诺维斯旗下拥有多位世界顶尖设计师。普洛诺维斯以白色梦幻、永恒优雅、高贵浪漫等多种风格创造着独一无二的华丽婚纱礼服。

　　欧美婚纱皇家品牌普洛诺维斯是推崇婚纱极简主义设计风格的楷模,源自西班牙巴塞罗那,目前为全球第一大婚纱礼服品牌,市场占有率5%,在伦敦、巴黎、纽约、伊斯坦堡、开罗及东京等都有据点,平均售价在600欧元至1.2万欧元。

　　1964年,普洛诺维斯企业推出了第一系列的现成婚纱精选,结合创新的现成婚纱概念,为奠定其21世纪品牌影响力迈出了重要的一步。1968年后的几年,普洛诺维斯开设了西班牙境内首家婚纱专卖店,让新娘能够在此找到她的理想婚纱和所需的一切配饰。在接下来的十年里,普洛诺维斯在西班牙增开了80家店,并开始在欧洲拓展。到了20世纪90年代,企业进入了美国和亚洲市场。目前在全球75个国家共设有3800个销售点。

六　Cymbeline

　　Cymbeline（辛白林）婚纱是法国第一婚纱品牌，至今已有 30 多年的历史。作为婚纱界真正的趋势设计师和重要品牌之一，辛白林推出了融合迷人与娇柔的全新系列，以优质面料配以完美剪裁，创造出现代与柔美的结合。其设计构思富有激情和想象力，凭借大胆前卫的剪裁和别具匠心的选材，从玻璃纱提花到缎面织锦上图腾似的刺绣，都为其奢华婚纱添加了神话的光芒。

七 Carolina Herrera

　　Carolina Herrera（卡罗琳娜·海莱娜），2008年CFDA Geoffrey Beene终身成就奖的得主，30年间，她的独特审美观令她成为一个成功的时装设计师。卡罗琳娜·海莱娜同时拥有法国与西班牙贵族的血统。13岁那年祖母带她去巴黎看了一场时装秀，开启了她对流行的启蒙及灵感，同时她理解到设计师对20世纪时装界的重要性。1980年9月她发表了第一系列创作，此次发表会后她返回委内瑞拉与投资者合开公司。不久后和家人永久迁居到纽约，在纽约开了一家小小的服装展览室。她融合欧洲的保守与美国的现代感，在1981年成立了卡罗琳娜·海莱娜品牌。卡罗琳娜·海莱娜的设计是一种综合了内在优雅气质与简约外表的风格，作品看似简单却隐藏着更加晦涩复杂的一面，正是这种特点让卡罗琳娜·海莱娜的服装极富张力与个性，她以极具现代感而又不失尊贵的风格吸引了大批眼光精细、口味独到的追随者。卡罗琳娜·海莱娜旗下不仅有高级时装品牌Carolina Herrera New York Collection，Bridal Collection（婚纱），还有手袋、眼镜以及香水销售。

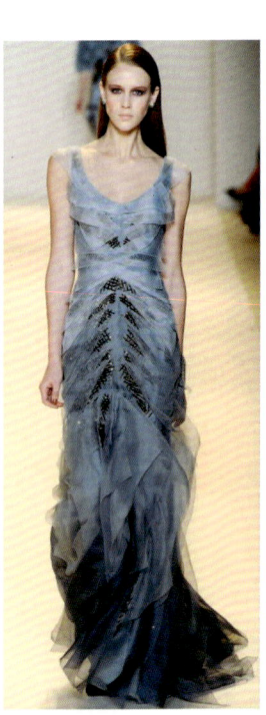

八　Monique Lhuillier

　　Monique Lhuillier（莫尼克·鲁里耶）是菲律宾后裔，1971年出生于菲律宾宿雾市，自小就显露出优雅的品位。莫尼克·鲁里耶一直努力寻求在时尚界能有所发展，父母将她送到洛杉矶市的"时尚设计商业学院"深造，在那里，莫尼克·鲁里耶遇到了她后来的丈夫和合作伙伴汤姆·巴格比。1996年，莫尼克·鲁里耶和丈夫汤姆·巴格比创办了自己的婚纱品牌，并迅速获得成功。2001年与2002年，莫尼克·鲁里耶连续两年荣获美国婚纱权威杂志的最佳婚纱设计师奖，其婚纱在以注重精致的手工缝制，保留婚纱美丽传统的同时提倡摩登前卫化的设计，成为当今最受西方新娘欢迎的婚纱品牌之一。2004年秋，布兰妮·斯皮尔斯与前夫凯文·费德林结婚时的新娘礼服，便是莫尼克·鲁里耶所做。

九 Yolan Cris

　　Yolan Cris 品牌品位独特。它做旧效果的奶黄色，粗犷的编织工艺，配以强烈吉卜赛风情的细节设计，流畅简洁的剪裁搭配夸张的金属首饰，使婚纱充满了浓郁的时代特色和戏剧效果。

　　Yolan Cris，被业内称为西班牙婚纱设计界的标志性品牌。这一切，都得益于设计中奔放而火热的灵魂。复古婚纱细腻繁复的剪裁，令人眼花缭乱的蕾丝工艺，水洗牛仔帽，不拘小节的羽毛与花朵发饰，每一个元素的运用，都轻而易举地将人领回时间的尽头，那个魔幻与梦境交替存在的异度空间：古老的欧洲，摩登的欧洲，黄金时代的欧洲，富足的欧洲，传说与梦幻、长夜与日出并存的欧洲……Yolan Cris 将童话与梦境的理念贯彻得淋漓尽致。大片立体蕾丝，轻盈的纱裙，层叠的高腰束胸，透明的蕾丝手套，一个纯美伶俐而略带狡黠的新娘形象塑造完毕。

　　Yolan Cris 品牌由 Yolanda 和 Cristina 姐妹联手打造。她们从父母那里学到了服装制作的专业技术，再配合自己优雅的品位、独到的眼光，用短短的时间就开辟了 Yolan Cris 在西班牙婚纱设计界和礼服市场的专属领域。

✝ Anne Barge

Anne Barge(安妮·巴吉尔)特别善于制造聚焦的效果,当作品亮相时人们的视觉中心往往最先被吸引到某一个点上,而后再将焦距调整到整体。对微观细节的刻画是她的拿手戏。安妮·巴吉尔在设计中运用线性放射的原理——很多造型都有一或两个特别雕琢的重点,并将其作为视觉中心向外伸展出射线式的褶皱。安妮·巴吉尔婚纱设计以简单大方的线条和极富女人味的细节塑造出成熟优雅的新娘形象。柔美的蝴蝶结、细致的镂空、飘逸的鱼尾以及带有跳跃感的单肩、闪烁的花饰、蓬松的裙摆……无不展示出女人华丽端庄的风情。

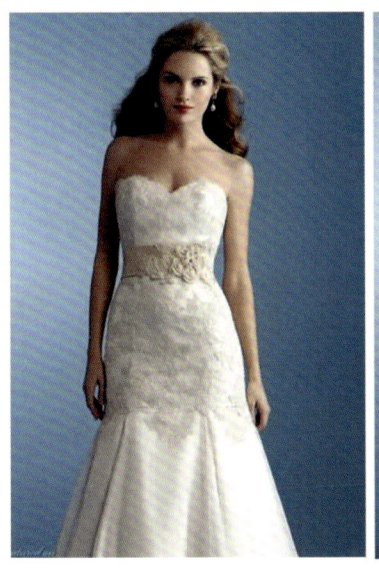

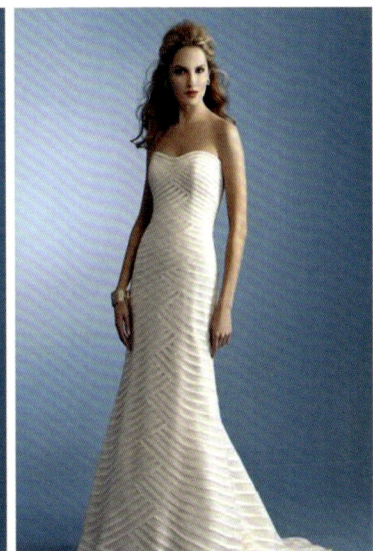

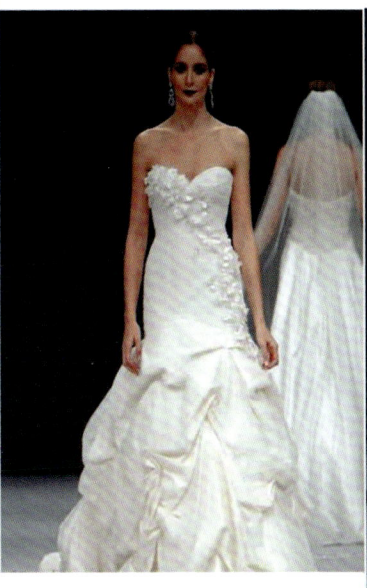

十一 Jesus del Pozo

　　Jesus del Pozo 有 30 年的设计经验，是西班牙马德里设计风格的领导者，也引起其他设计者模仿。Jesus del Pozo 婚纱设计是极简主义风格的体现，利落的剪裁和流畅的线条，不规则的褶皱设计，都令我们感受到设计师驾驭时尚的张力和才华。Jesus del Pozo 有着皇家纯正高贵、神秘脱俗的特点，婚纱作品简洁而梦幻，给人瑰丽的想象，成为世人追捧的对象。其突破形式与格局的限制、持续革新的设计精神使它现今仍为时尚界的重要指针。

十二 Vera Wang

　　Vera Wang（王薇薇）的礼服以华贵高雅著称，她的设计风格极其简洁流畅，丝毫不受潮流左右，使出现在婚礼上的新娘子看起来就像是经过精雕细琢的工艺品，惑人的美丽到了丝丝入扣的程度。王薇薇的新娘礼服如今已经成为全球新娘礼服的代名词，平均一套礼服的价位在 6000 美元到 12000 美元，有着年收入两千万美元的好业绩。王薇薇说："对一个女人来说，一生中最重要的时刻就是举行婚礼，那是女人梦想的开始。我梦想成为一名杰出的艺术家，让婚纱成为一种艺术品。"媒体评论说，王薇薇的婚纱风格浪漫而富有童话般的色彩，丛林、小溪、明媚阳光……一切可以制造浪漫的事物和场所均是她的创意源泉。王薇薇的礼服真正称得上华贵，许多媒体在谈到王薇薇的婚纱设计时，都称赞她引起了美国时尚界的一场婚纱革命。2001 年秋，王薇薇推出了价位较低的婚纱礼服系列，让更多的新娘享受到了纯朴的优雅。最近，她还开了一家专营伴娘礼服的店。

　　2005 年，王薇薇荣获 CFDA"女装年度设计师奖"。王薇薇是中产中的一员，她的设计就是中产想要的。作品重点不在于一件婚纱的价格有多贵，而是有些阶层根本欣赏不来这样的婚纱设计。王薇薇设计的婚纱简约、流畅，没有任何多余夸张的点缀物。刺绣、褶皱、蕾丝这些传统的婚纱元素仍然被运用到婚纱设计中，但这并不是设计的必须，布料的特性、平滑的裙身、立体的剪裁才是她所关注的东西。轻薄坚挺的布料是王薇薇婚纱的一大特色，厚重不透气的料子不但不能让新娘感觉舒服，而且会给人留下极不好的印象，相信没有哪个女人希望记忆里的婚礼都是汗水的味道。设计师都重视细节的处理，王薇薇也不例外，每件婚纱都配以各式的头纱或者花饰，而这些婚纱单品都以手工装钉花饰以及亮片，有些甚至还装钉了闪烁的钻石。

十三　Yumi Katsura Paris

　　高级订制婚纱品牌 Yumi Katsura Paris 是由享誉世界的婚纱设计大师桂由美女士创立，品牌创立至今已有 45 年的历史，专卖店遍及巴黎、纽约、米兰、东京等世界各大城市。在 45 年的婚纱设计生涯中，桂由美女士一直致力于拓展婚纱礼服的创新，为此被欧洲名人协会授予"时装成就奖"，她也是意大利服装协会首位亚洲成员，其设计深受皇室和明星的推崇，还特别承担了罗马教皇专用大典礼服的设计和制作。2003 年起，Yumi Katsura Paris 是全球仅有的有资格在时装界最高盛会——巴黎高级定制时装展发布高级定制服的十几个品牌之一，并且是唯一的婚纱品牌。

　　桂由美出生于日本东京。毕业于日本共立女子大学，之后到法国留学，在巴黎国际时装艺术学院学习服装设计和高级专业女装知识。1964 年作为日本首位婚纱设计师崭露头角，是日本婚纱业的先驱者。作为唯美的婚纱式样的创始人，她在世界 20 余个国家的首都举办了展演。她通过世界各地的服装文化活动，不断编织着婚礼服饰的梦想，被誉为"婚纱导师"。1993 年，受到日本外务大臣的表彰。1996 年被中国授予新时代婚礼服饰文化奖。1999 年成为意大利服装协会首位东方成员。2005 年 7 月，开展了诸如在巴黎康朋大道香奈儿总店前创设桂由美巴黎店等一系列世界性的创作活动。

　　曾为众多明星打造顶级奢华婚纱的日本设计师桂由美，她在设计婚纱时将对生活的美好愿景注入进来，展现出作品的浪漫和纯洁。桂由美的婚纱系列不仅出色和特别，而且造型上也非常个性，很适合都市中独立自主和个性独特的女性。她始终没有放弃对巴黎的梦想，每年都要访问巴黎一两次，她曾说过，"对我来讲巴黎永远是我的精神支柱，是我的设计源泉，是我的成功动力"。她与巴黎的制作商合作，新作品不断在日本和巴黎展出。

　　桂由美以她对当今世界流行服装的理解，多年来一直致力于拓展婚礼服的创新，精心打造"全女装"，近年来她的设计创意来自于对时代气息的大胆设计，原材料的选择无拘无束，在传统礼服上增添了"三 S"概念，即简练（SIMPLE）、性感（SEXY）和修长（SLEND）。并且突破了传统的"A"形"X"形的婚纱设计，独创了被称之为"由美"线条的婚纱，其较小的收口以及融入日本和服的因素，使西方的浪漫和东方的情愫完美地结合在一起。

十四　蔡美月

　　蔡美月，厦门伟樾服饰有限公司董事长兼总设计师，本身是学服饰设计出身，十几年前在台湾，凭借专业的设计才能及敏锐的商业头脑白手起家，从一个默默无闻的设计师走到现在在中国拥有两百多名员工的专业婚纱生产经营者。经过十几年的不懈努力，由她一手创立的品牌"蔡美月国际婚纱"已经成为国内外婚纱界的一个知名品牌，深受广大消费者青睐。

　　她的设计理念：婚纱是每一个女人一生中最钟爱的服装，它象征着爱情，见证着爱情的永恒。当红颜老去，回顾流痕的岁月，一件婚纱能够让所有的人记得那年的青春和美丽。蔡美月女士认为，中国经济发展非常快，消费水平逐步提高，每一位新人都能够拥有一件属于自己的婚纱，作为婚姻永恒的回忆。

十五　NE·TIGER

　　NE·TIGER(东北虎)品牌由张志峰先生创立于1992年,是中国的顶级奢侈品品牌。作为中国服饰文化的守护者和传承者,NE·TIGER始终秉承"贯通古今、融会中西"的设计理念,致力于复兴中国奢侈品文明,新兴中国奢侈品品牌。品牌早期以皮草的设计和生产为起源,迅速奠定了在中国皮草行业中的领军地位。在近20年的发展历史中,品牌相继推出了晚礼服、中国式婚礼服和婚纱等系列产品,并开创性地推出高级定制华服。"华夏礼服"即是华服,是代表中华民族精神的礼服,也被称为中国人的国服。NE·TIGER华服的设计可以高度概括为五大特征:以"礼"为魂,以"锦"为材,以"绣"为工,以"国色"为体,以"华服"为标志,凝汇呈现数千年华夏礼服的文明,开创现代中国特有的一种服饰形象。

思考与练习

1. 法国的婚纱礼服品牌有哪些?以其中一个品牌为例,谈谈个人对该品牌风格定位的看法。
2. 模拟一个婚纱礼服品牌,做一个品牌策划案。

参考文献

[1] 袁仄.外国服装史[M].重庆:西南师范大学出版社,2009

[2] 李当岐.西洋服装史[M].北京:高等教育出版社,2005

[3] 王受之.世界时装史[M].北京:中国青年出版社,2002

[4] 吴丽华.礼服的设计与立体造型[M].北京:中国轻工业出版社,2008

[5] 徐子淇.礼服设计[M].沈阳:辽宁科学技术出版社,2012

[6] 2013-2017年中国婚纱礼服行业深度调研与投资战略规划分析报告,2014

[7] 服装图书策划组编.设计中国:礼服篇[M].北京:中国纺织出版社,2008

[8] 王健.礼服设计[M].沈阳:辽宁科学技术出版社,2012

[9] 魏静等.礼服设计与立体造型[M].北京:中国纺织出版社,2011

[10] 华梅.礼服——21世纪国际顶级时尚品牌[M].北京:中国时代经济出版社,2008

[11] Charlotte Seeling.时尚:150年以来引领潮流的时装设计师和品牌[M].周馨译.北京:人民邮电出版社,2013

高等院校服装专业教程
婚纱礼服设计

图书在版编目(CIP)数据

婚纱礼服设计/张涛,信玉峰主编.—重庆:西南师范大学出版社,2014.9(2020.1重印)
高等院校服装专业教程
ISBN 978-7-5621-6951-2

Ⅰ.①婚… Ⅱ.①张…②信… Ⅲ.①结婚-服装设计-高等学校-教材 Ⅳ.①TS941.714.9

中国版本图书馆CIP数据核字(2014)第162647号

高等院校服装专业教程
婚纱礼服设计

主　　编:	张　涛　信玉峰
责任编辑:	王　煤
装帧设计:	梅木子
出版发行:	西南师范大学出版社
	网址:www.xscbs.com
	地址:重庆市北碚区天生路2号
	邮编:400715
经　　销:	新华书店
制　　版:	重庆海阔特数码分色彩印有限公司
印　　刷:	重庆康豪彩印有限公司
幅面尺寸:	210mm×280mm
印　　张:	10
字　　数:	160千字
版　　次:	2014年9月第1版
印　　次:	2020年1月第2次印刷
书　　号:	ISBN 978-7-5621-6951-2
定　　价:	59.00元